岩土工程数字化应用

杨石飞 主编

苏 辉 许 杰 袁 钊 尹 骥 副主编

中国建筑工业出版社

图书在版编目（CIP）数据

岩土工程数字化应用/杨石飞主编；苏辉等副主编
. — 北京：中国建筑工业出版社，2024.3
ISBN 978-7-112-29565-4

Ⅰ. ①岩… Ⅱ. ①杨… ②苏… Ⅲ. ①数字技术 - 应
用 - 岩土工程 Ⅳ. ①TU4-39

中国国家版本馆 CIP 数据核字（2023）第 253077 号

在整个土木工程行业的数字化转型过程中，岩土工程的数字化是难点之一。本书主要从专业技术应用角度阐述岩土工程数字化转型方法和途径，分别论述了岩土工程勘察数字化、岩土工程设计数字化、岩土工程监测数字化以及岩土工程数据挖掘与分析等四个领域，从技术方法、具体实现手段和应用案例等角度较为系统地介绍了目前国内较为主流的岩土工程数字化路径及应用成效。本书可供岩土与地下工程相关专业人员应用学习，也可供信息技术人员应用参考。

责任编辑：杨　允　刘颖超　李静伟
责任校对：赵　力

岩土工程数字化应用

杨石飞　主编

苏　辉　许　杰　袁　钊　尹　骥　副主编

*

中国建筑工业出版社出版、发行（北京海淀三里河路 9 号）

各地新华书店、建筑书店经销

国排高科（北京）信息技术有限公司制版

北京云浩印刷有限责任公司印刷

*

开本：787 毫米 × 1092 毫米　1/16　印张：12　字数：298 千字

2024 年 3 月第一版　　2024 年 3 月第一次印刷

定价：**68.00** 元

ISBN 978-7-112-29565-4

（42175）

前言

数字化是近几年来整个社会的浪潮，岩土工程行业也不例外，物联网技术的飞速发展、新型传感测量技术的出现、自动化技术的普及都推动了岩土工程数字化进程。上海勘察设计研究院（集团）有限公司（简称"上勘集团"）数字化进程已走过二十多年历程，最早开发了基于 Windows Mobile 平台的勘察外业信息化系统，也开发了基坑监测的信息化平台，以及适用于勘察行业的项目管理系统。尽管每个项目都经历了不少挫折，走了不少弯路，有的项目甚至开发几年后又推倒架构，重新开发，但也从来没有放弃过最初的想法。秉持助力专业发展、加快专业转型的理念，经过多次迭代和持续投入，基本形成了信息化的系列产品，逐渐得到了技术人员和客户认可。可以预期，在信息化发展道路上，上勘集团和整个岩土工程行业会越走越远，越走越坚定。

2016 年开始，上勘集团筹建了岩土与地下空间工程大数据分析中心，希望通过数字化和智能化进一步助推专业发展。转眼间，大数据中心成立已七年。回首大数据中心工作，真正值得一提的还是在数字化方面所做的工作。为了做岩土数据分析，形成各类数据库，岩土工程勘察数据库、基坑监测数据库、隧道变形数据库等；为了持续形成数据流，跟各个专业探讨作业数据结构化、自动化、无线传输等工作；为了将数据更好展示，推动了三维信息模型技术应用；为了将数据应用于实际工程，开发数据算法平台、预测平台等。每个过程都有挫折，有辛酸，但更多的是热情。当回首时发现，我们未必走在行业发展最前端，但肯定走在行业发展的正确道路上。

编写本书的时候正值第三年疫情肆虐，被困在家中的我们想，既然整个行业都在走数字化这条路了，而市面上也难觅比较系统地介绍岩土工程行业数字化的著作，何不把我们之前的工作做点总结，让同时或即将开展相同工作的同行能更快实现目标，避免我们曾经走过的弯路。技术发展实在太快，可能等到出版的时候，书中很多技术都已经过时了，但也算是个历史印记。

感谢成书过程中集团各专业部门的支持，感谢集团领导的支持，还有对数字化一如既往拥有巨大热情的小伙伴们，本书也算是对单位成立 65 周年的贺礼。水平有限，诚意满满，错漏难免，敬请指正。

目 录

第 1 章

概　述

1.1　岩土工程数字化

岩土工程是土木工程重要分支，主要解决与岩土体相关的工程技术问题，按其工作性质又分为岩土工程勘察、岩土工程设计、岩土工程施工、岩土工程测试等业务。由于建设工程在确定场地条件和进行地基基础设计、施工等环节均涉及岩土工程，因此岩土工程对工程建设具有十分重要的作用，尤其在地下工程更为突出。城市工程建设面临向深部发展、深部与浅部一体化等新问题。据中国地质调查局的调查报告，我国 337 个主要城市地下可开发空间资源为 90 亿 m²，可置换地表土地面积 58.7 亿 m²。而在诸如上海的大城市，地下铁路网络密布，部分地区的地下开发深度甚至达到了 40m，未来深层地下空间开发深度将达到 100m。"十二五"以来，我国城市地下空间建设量显著增长，年均增速达到 20%以上，约 60%的现状地下空间为"十二五"时期建设完成。据不完全统计，地下空间与同期地面建筑竣工面积的比例从约 10%增长到 15%。尤其在人口和经济活动高度集聚的大城市，在轨道交通和地上地下综合建设带动下，城市地下空间开发规模增长迅速，需求动力充足。

随着第三代数字化技术浪潮到来，社会数字化发展日新月异。国家"十四五"规划提出迎接数字时代，激活数据要素潜能，推进网络强国建设，加快建设数字经济、数字社会、数字政府，以数字化转型整体驱动生产方式、生活方式和治理方式变革。

住房和城乡建设部《城市地下空间开发利用"十三五"规划》提出：结合智慧城市建设，推进城市地下空间综合管理信息系统建设。将普查成果纳入系统，动态维护地下空间开发利用信息，为城市地下空间规划管理提供支撑。逐步将地下空间规划、规划许可、权属管理、档案管理等纳入统一管理平台，建立地下空间管理信息共享机制，促进实现城市地下空间数字化管理，提升城市地下空间管理标准化、信息化、精细化水平。

2020 年 12 月，《住房和城乡建设部关于加强城市地下市政基础设施建设的指导意见》中指出：运用第五代移动通信技术、物联网、人工智能、大数据、云计算等技术，提升城市地下市政基础设施数字化、智能化水平。有条件的城市可以搭建供水、排水、燃气、热力等设施感知网络，建设地面塌陷隐患监测感知系统，实时掌握设施运行状况，实现对地下市政基础设施的安全监测与预警。充分挖掘利用数据资源，提高设施运行效率和服务水平，辅助优化设施规划建设管理。

2021 年 12 月，国务院印发的《"十四五"数字经济发展规划》强调：数字经济是继农业经济、工业经济之后的主要经济形态，是以数据资源为关键要素，以现代信息网络为主要载体，以信息通信技术融合应用、全要素数字化转型为重要推动力，促进公平与效率更加统一的新经济形态。文件强调数据要素是数字经济深化发展的核心引擎。数据对提高生产效率的乘数作用不断凸显，成为最具时代特征的生产要素。数据的爆发增长、海量集聚蕴藏了巨大的价值，为智能化发展带来了新的机遇。协同推进技术、模式、业态和制度创新，切实用好数据要素，将为经济社会数字化发展带来强劲动力。文件还指出要统筹推动新型智慧城市和数字乡村建设，协同优化城乡公共服务。深化新型智慧城市建设，推动城市数据整合共享和业务协同，提升城市综合管理服务能力，完善城市信息模型平台和运行管理服务平台，因地制宜构建数字孪生城市。

岩土工程的覆盖范围宽泛，包含桩基、地基处理、临时支护结构、地下室、隧道、箱涵、地下管沟等，其信息化再现无疑是重要的，特别是在城市规划、施工建设、土地复合利用等方面，都有十分重要的意义。为了应对将来的城市工程建设和运营发展需求，岩土工程数字化集成、整合技术势在必行。但是，岩土工程数字化发展步伐仍远落后于社会整体水平，尤其在科技创新、信息技术服务、前沿技术应用、智力培育等专业核心竞争力投入不足，此类软肋较为明显。其中，"数字短板"显得尤为突出。岩土工程不同业务的信息化程度参差不齐、数据格式不统一，导致集成、整合应用过程中出现问题，进而使体系建设、规划建设、数据化信息化管理建设等方面受到影响。如何利用已有计算机技术，实现多专业、多维度、多类型的数据集成，是实现岩土工程数字化发展的技术瓶颈，亟须突破。岩土工程数字化就是要通过数字化手段赋能岩土工程行业管理和技术，提升行业管理和技术发展水平。

岩土工程数字化的基本要素是数据。广义上讲，数字岩土包括通过勘察、测量、遥感、地球物理探查、化学探查、监测、检测等各种手段获得的关于岩土体及相关建（构）筑物和环境的各种数据以及人类工程活动中产生的各种数据。这些数据是岩土工程的基本素材，特别是设计、施工、环境评估、预测、工程决策和可持续发展研究的基本依据。就工程活动的角度而言，它涵盖从地上到地下，从地层到结构，从工程立项到工程运营中所有类型的数据源，包括了环境、地质、地下构筑物等；从工程建养一体化的角度出发，它包括设计、施工、监测、检测、运营管理等诸多方面；按照研究对象划分，岩土工程数字化重点应聚焦于业务数字化、管理信息化和技术智能化。

1.2 岩土工程数字化技术路径

1.2.1 勘察设计企业数字化转型

数字化转型是跟上时代发展的必然趋势，IDC（国际数据公司）预测，如果企业不能快速实现数字化转型，逾三分之二的目标市场会消失。企业要想在这样的数字时代生存下来，要么是数字原生企业，要么数字化转型成功，成为重生后的数字企业。与数字原生企业不同，工程勘察企业基本都是以物理世界为中心来构建的，也就是围绕勘察、设计、施工过程中的生产、服务等展开的，使用的软件、平台更多是生产辅助工具，而不是以软件和数据平台为核心的数字世界入口，这也就造成了勘察设计企业与数字原生企业之间的显著差异。所以在数字化转型过程中，勘察设计企业往往面临更大的挑战。

传统勘察设计企业涉及的生产流程也是比较复杂的，可以说是天生就是产生数据的行业。岩土工程勘测工作每天产生大量关于岩土体、结构和环境的变量数据；设计咨询工作围绕某种功能需求，为建立一个虚拟的空间开展工作，产生大量非结构化的数据，如图纸、报告。在构建面向客户价值流的过程中，也形成了从委托到生产布置、外业（施工）或设计、校审、交付、跟踪服务的链条，产生了大量过程数据（图1.2-1）。

图 1.2-1 勘察设计生产流程图

但总体而言，在生产过程中，各环节是相互独立分割的，要实现数字化转型变革还存在困难。大部分勘察设计企业普遍有较悠久的历史，组织架构和人员配置都围绕着线下业务开展，随着不同阶段的发展需求，保留着各个版本的办公软件、专业软件和各种不同类型的数据库，导致数据来源多样，独立封装和存储的数据难以集中共享，也不敢随意改造或替换，信息系统历史包袱沉重。在勘察设计生产实施过程中产生的数据很多仍以纸质版记录为主，大部分尚未纳入信息化、结构化过程。尤其在工程建设过程中，勘察设计企业尤其重视对企业资质、个人执业资格的审核，对法定文件合法性的审查，以及对全过程数据真实性的要求。实施信息化过程也存在不同层面抵触情绪，数字化转型道阻且长。

勘察设计企业数字化转型的关键要素之一是在现实世界的基础上构建一个跨越孤立系统、承载勘察设计全流程业务的"数字孪生"世界。通过在数字世界汇聚、联接与分析数据，进行描述、诊断和预测，最终指导业务改进。在实现策略上，数字世界一方面要充分利用现有信息系统的存量数据资产，另一方面要构建一条从现实世界直接感知、采集、汇聚数据到数字世界的通道，不断驱动业务对象、过程与规则的数字化。勘察设计企业数字化建设框架如图1.2-2所示。

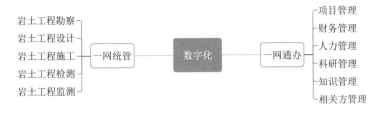

图 1.2-2 勘察设计企业数字化建设框架

从图1.2-2中可见，在实现数字化转型过程中，最重要的有两部分：一部分是企业内部运营的数字化，可以统称为"企业一网通办"，主要面向企业成员；另一部分是企业对外业务的数字化，可以统称为"企业一网统管"，主要面向企业外部。本书主要从"企业一网统管"中的专业应用角度阐述岩土工程数字化转型方法和途径。

1.2.2 岩土工程数字化应用

（1）岩土工程勘察数字化应用

岩土工程勘察包括外业和室内的数据采集过程。岩土工程勘察涉及的作业环节较多，手工数据记录和自动数据采集并存，外业测试和室内试验并重，项目地点及专业类型时常改变，分析计算的人工干预较大。其中，外业现场试验的复杂程度差别很大，一些简易试验难以实现数据采集的自动化，要实现信息化只能采取在电子设备上人工录入的方式。同时，由于外业工作时间短、流动性强，质量监管的难度较大。因此，岩土工程勘察一方面对信息化需求较高，但是信息化过程中需要解决的问题较多，实现全过程和全行业的信息化难度较大。

工程勘察成果的应用主要是三维地质模型。所谓三维地质模型，是以各种原始数据（包括钻孔信息、剖面信息、原位测试信息、等深图、地质图等）为基础，建立能够反映地质体内部构造形态、构造关系及地质体内部属性变化规律的数字化模型。通过适当的可视化方式，展现虚拟的地质环境，并基于模型的数值模拟和空间分析，辅助用户进行科学决策和风险规避。三维地质模型的一个重要应用场景，是在勘察、设计、施工的全过程中，可以直观地将地质体及其构造形态展现在工程师面前，方便工程设计人员与施工人员间的交流，使其能够准确地分析实际地质问题、开展工程设计与施工，减少工程风险。因此，三维地质模型的建立具有非常重要的意义。

（2）岩土工程设计数字化应用

岩土工程设计数字化主要是采用数字化设计手段，包含但不限于三维设计方法，按照设计流程依次进行方案设计、初步设计和施工图设计，先建立三维模型，必要时根据三维模型生成二维图纸，出图效率和准确性都有所提高。三维模型中所有的构件都是实体构件，并且包含工程的各类数据信息，利用这些数据建立构件的数据库，使用其他程序可以对其进行设计、分析和模拟等。同时，三维模型具有一处更改、处处更新的特点，可以满足模型实时更新的要求。在项目实施的过程中，可以通过三维模型对设计方案进行展示，从而保证项目沟通的高效性和实施的可行性。三维模型数据可直接作为方案报批材料，加快专项方案的审批周期，提高建设效率。施工阶段，承包商可以在设计模型基础上深化优化施工模型，实现模型落地。运营阶段的三维模型包含了从建造到运营阶段的丰富数据，是其中最有价值的应用场景之一。可以说，岩土工程设计数字化是带动上下游数字化的核心引擎。

（3）岩土工程测试数字化应用

感知测试技术被称为地下工程的"眼睛"，一直以来在岩土工程建设风险管控和运营安全监护方面发挥重要作用。近年来，随着传感器及感知技术的快速进步，岩土工程测试技术也由传统的人工向自动化发展，同时，部分行业单位探索由单个测项的自动化向感知、传输、处理、挖掘的全过程数字化，融合物联网、Web 及 BIM（Building Information Modeling）技术，搭建多传感器和多源数据融合的系统平台，进一步增强了测试技术对工程安全的支撑作用。可以说，岩土工程测试数字化转型是岩土工程诸多专业中条件最充分、需求最迫切的。但限于自动化测试成本尚高，以及部分监管压力，目前普及率还不算很高。

（4）岩土工程数据挖掘与分析

在数据即资产的时代，拥有大量数据而不懂得使用是最大的浪费。岩土工程最大的难点在于不确定性因素多，无法直接获取精准解，因此数据挖掘与分析就显得尤为重要。在大数据时代，采用多种数据挖掘算法，从多维度对岩土工程问题进行分析，是更具有划时代意义的手段和方法。目前行业中已出现了通过空间分布参数评估风险、图像识别土性等诸多应用场景，未来数据挖掘的价值可期。但是应当指出，在对岩土及地下结构性状进行自动评估的场景中，更多的是在解决科学问题，需要在方法和理论上进行创新，取得比之前更好的效果，这是一个不断提高岩土工程上限的过程。岩土工程在更多的时候是一个工程问题，受到时间、环境、人员、资金等多方面因素制约，通过数据挖掘技术，可以加快工程的进度，减少工程人员的重复劳动，在劳动力价格不断上升的今天，是提高岩土工程下限的有力手段。例如可以用数据挖掘和分析的相关技术帮助工程人员快速处理数据、编制报告等。无论是快速处理数据还是编制报告，都是依托于岩土工程中的高价值场景，算法只是手段，要解决具体的问题，还需要专业的工程人员对工程进行过程中的各个环节有深刻的了解，基于场景去利用算法。因此，数据挖掘和分析的相关技术要更好地应用在岩土地下结构中，仅靠数据分析挖掘领域的技术专家是不够的，还需要工程专家的参与。

第2章

岩土工程勘察数字化应用

2.1 概述

自 20 世纪 80 年代中期以来，全行业信息技术应用的步伐逐步加快，工程勘察企业开始重视信息化工作，组织机制逐步健全，应用水平明显提升。如计算机辅助设计（CAD）、计算机辅助分析（CAE）等工具软件普及程度日益提高，并且出现了理正、同济曙光等国产软件厂商，大型工程勘察单位拥有基于地理信息系统（GIS）或建筑信息模型（BIM）的开发与应用能力。但是从整体而言，在全过程的平台服务、安全监控、数据分析应用领域，自动化、数字化、智能化水平较低，岩土工程外业数据采集与内业分析等全过程中信息技术推广应用难。例如，大量勘察与监测单位仍停留在依赖人工作业阶段，设备数据采集自动化程度低，人工干预影响大，数据采集精度和质量难以有效控制和监管。随着互联网、云计算、物联网、BIM 等新一代信息技术的快速发展，工程勘察行业顺势而为，进一步加大信息技术与专业技术融合的研究与应用，促进行业数字化转型发展。

岩土工程勘察包括外业和室内的数据采集、处理及编制成果报告等流程。岩土工程勘察涉及的作业环节较多，手工数据记录和自动数据采集并存，项目地点及专业类型时常改变，分析计算的人工干预较多。其中，外业现场试验的复杂程度差别很大，一些简易试验难以实现数据采集的自动化，要实现信息化只能采取在电子设备上人工录入的方式。同时，由于外业工作时间短、流动性强，质量监管的难度较大，迫切需要信息化技术为质量监管提供手段。在勘察成果处理方面，数据处理、计算、统计工作量巨大，如果都依赖人工处理，效率非常低且容易出错，亟须数字化手段实现数据批量自动处理、计算及图表自动生成，提升处理效率。另外，传统的以成果报告及二维图表为主的勘察成果展现形式，表达不直观，且非结构化的数据难以实现岩土工程专业上下游数据的高效传递与共享。在勘察成果管理方面，主要以勘察项目为单位进行成果数据管理，数据较分散，且未构建结构化的数据管理分析系统，资料查询和利用效率低。

因此，岩土工程勘察一方面对信息化需求较高，但是信息化过程中需要解决的问题较多，实现全过程和全行业的信息化难度较大。为了满足岩土工程勘察外业采集、内业处理、质量监管、成果分析应用等过程高效、准确的要求，亟须借助数字化手段，实现岩土工程勘察全流程数字化，实现采集无纸化、自动化以及处理成果的可视化、平台化管理，达到全过程质量数字化管控，整体路径如图 2.1-1 所示。

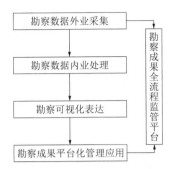

图 2.1-1 岩土工程全过程质量数字化管控整体路径

2.2 外业数据采集数字化

在勘察外业中，勘探测试方法手段较多，软土地区以钻探和静力触探为最主要的外业勘探手段，也是外业质量控制的关键。图 2.2-1 描述了岩土工程勘察外业一般的作业流程，在记录传递流程中，经常存在传递滞后导致的返工、窝工，且质量监管成本及难度较大。为了解决这一问题，需要通过软件开发、系统搭建、采集设备研制，实现这两类勘察外业的信息化改造。

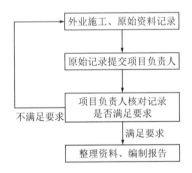

图 2.2-1 传统的勘察外业作业流程

2.2.1 钻探外业采集系统

钻探是工程勘察中运用最多的勘探手段之一。钻探工作可以起到勘察覆盖层、岩层及地下水等作用，钻探描述数字化的完成标志着工程勘察实现了从勘察工作源头的数字化。互联网技术的飞速发展加快了外业测试数据采集数字化的进程。目前国内勘察设计企业已经开展岩土工程勘察数字化转型工作，研发了基于智能手机、平板电脑等移动终端的钻探外业采集软件，实现了适宜野外作业使用的信息采集系统，同时借助云平台，实现钻探数据采集质量的有效管控。

钻探外业采集系统是可以实现勘察项目信息管理、钻孔数据采集记录、数据实时传输、数据汇总分析等多功能的信息系统，可帮助钻探工程工作者充分利用物联网、云计算和移动互联技术，将钻探过程中采集的钻进记录、土层描述、取样记录、标准贯入试验记录、取芯照片等各类专业数据按照统一的规范进行组织，依此进行管理和分析。

钻探外业系统载入地图信息，方便现场工作人员快速定位钻孔位置，并通过硬件设备设置，强制用户进行 GPS 定位，支持现场照片及视频拍摄上传，反映现场作业的真实性。系统还能够进行电子签名，落实数据谁上传谁负责，便于责任追溯。图 2.2-2 为某款钻探外业采集系统终端界面。

| (a) 新建勘探点 | (b) 录入勘探点信息 | (c) 记录钻探信息 | (d) 电子签名 |

图 2.2-2　钻探外业采集系统终端界面

该类系统可与行业监管机构的数字化监管系统相配套，从监管系统中直接读取项目基本信息、土层描述等内容，并将外业数据结果实时上传至监管系统中，使钻探记录更加规范化，提高工作效率，降低成本，实现信息化、科学化管理。

2.2.2　数字式原位测试

除了钻探，工程勘察常用原位测试手段了解地层特性。因此原位测试数字化工作也必不可少。在众多岩土工程勘察方法中，静力触探最为常见，数字化工作也最为迫切和容易实现，通过传感器将贯入阻力输入到原位测试仪中记录下来，将测试仪采集的数据进行分析，了解工程地质特征，实现工程地质数字化勘察的目的。然而，常规的静力触探存在易倾斜、无法获知倾斜角度及实际贯入深度、数据易失真与造假、孔深不够、少打、漏打、无法监控等问题。为了解决这一问题，作者单位自主研发了一套专用的多功能数字式原位测试仪，实现了静力触探数据数字化实时采集、无线传输及可视化，并支持测斜功能。

数字式静力触探测试仪是一款可以接收数字信号的新型静力触探采集仪，包含采集仪和静力触探传感器两部分核心部件（图 2.2-3～图 2.2-5）。仪器将传感器的模拟信号转换为数字信号，可更清晰地反映土层的微小变化。传感器的 A/D 转换过程全部在探头内部进行，采集仪直接接收数字信号，从而避免了由于电缆线路和外界环境对测量数据产生影响，抗干扰能力强，准确度更高。仪器采用触摸屏操控方式和图形化界面（图 2.2-6），人机交互直观，简便，可实时查看杆长、深度、偏移量、压力、倾角等参数和数据曲线。此外，在存储方面，多功能数字式原位测试仪采用高端的存储芯片，支持无限次读写操作。在采集数据的过程中，数据自动备份，资料不会丢失。

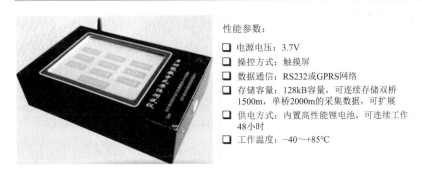

性能参数：

❏ 电源电压：3.7V

❏ 操控方式：触摸屏

❏ 数据通信：RS232或GPRS网络

❏ 存储容量：128kB容量，可连续存储双桥 1500m，单桥2000m的采集数据，可扩展

❏ 供电方式：内置高性能锂电池，可连续工作 48小时

❏ 工作温度：−40～+85℃

图 2.2-3　数据采集仪及性能参数

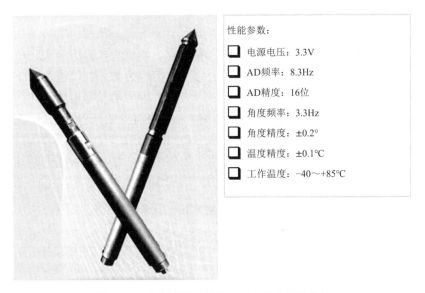

性能参数：

❏ 电源电压：3.3V

❏ AD频率：8.3Hz

❏ AD精度：16位

❏ 角度频率：3.3Hz

❏ 角度精度：±0.2°

❏ 温度精度：±0.1℃

❏ 工作温度：−40～+85℃

图 2.2-4　静力触探测斜传感器实物及性能参数

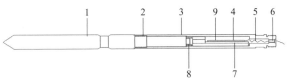

1—常规单（双）桥探头；2—防水卡扣；3—高强度合金钢套管；4—测斜传感器；5—导线；6—止水阀头；7—芯片槽；
8—连接螺旋扣；9—模数转换模块

图 2.2-5　静力触探测斜传感器示意图

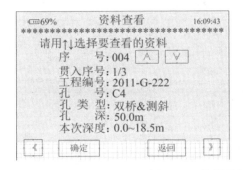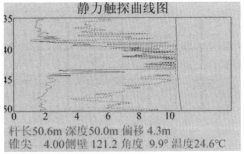

图 2.2-6　数据采集仪数据实时显示界面

009

该测试仪内置通信模块，主要是基于 GPRS 通信 PPP 协议和精简 TCP/IP 协议应用程序，可支持两种网络数据传输：①以邮件的形式，实现数据传输。②以云端方式进行数据传输，数据可直接传入指定的服务器数据库中。同时通信模块附带定位功能，可准确定位。图 2.2-7 为测试仪数字信号的传输路径。

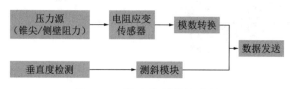

图 2.2-7　数字信号传输路径

该数字式静力触探测试仪先后在上海、崇明、常州等地分单桥、双桥、软土、硬土分别进行了大量试验与应用，证明了测试数据质量可靠，相比常规静力触探，可实现实时数据上传和孔深倾斜修正。以上海某大型博览会综合体工程为例，共计施工 543 个静力触探孔，其中 119 个孔采用测斜探头施工，孔深 35~85m。静力触探采用数字式静力触探测试仪（带测斜探头），除得到常规的静力触探P_s指标外，尚可得到钻杆斜度（α）、施工杆长（l）、实际孔深（h）及探头相对孔中心水平偏移距离（d）。由于在钻进过程对孔深进行自动修正，故影响成果资料准确性的因素主要是钻孔的水平偏移距离d及偏斜后的静力触探P_s值。

分析测斜探头施工的 119 个孔的成果资料，不同深度水平偏移距离占比见表 2.2-1。

不同深度水平偏移距离d占比分布　　　　　　　　　　　　　表 2.2-1

深度/m	项目							
	水平偏移距离占比/%							
	<3m	3~4m	4~5m	5~6m	6~7m	7~8m	8~9m	>9m
40	87.4	6.3	2.7	2.7	0.9			
50	70.9	14.6	3.9	3.9	1.0	1.8	1.0	2.9
60	38.0	16.0	12.0	15.0	8.0	2.0	2.0	7.0
70	15.0	11.7	18.3	10.0	8.3	6.7	3.3	26.7
80	4.0	8.0	6.0	10.0	12.0	10.0	8.0	42.0

对采用护管导向的测斜静力触探孔的资料进行整理分析，见表 2.2-2。

采用护管导向的水平偏移距离d　　　　　　　　　　　　　表 2.2-2

孔号	项目										
	护管长 l/m	护管底倾角α/°	理论计算护管水平偏移d/m	护管底下 10m		护管底下 20m		护管底下 30m		护管底下 40m	
				α/°	d/m	α/°	d/m	α/°	d/m	α/°	d/m
WC6	48	6.7	5.60	16.1	1.89	33.3	6.52	53.2	16.14	—	—
WC10	48	1.4	1.17	9.6	0.77	27.6	4.15	47.7	12.35	—	—
WC41	50	1.6	1.40	12.8	1.02	30.9	5.11	—	—	—	—
NC14	40	1.2	0.84	7.7	0.6	14.0	2.69	23.7	6.10	29.5	11.19

孔号	项目									
	护管长 l/m	护管底倾角α/°	理论计算护管水平偏移d/m	护管底下 10m		护管底下 20m		护管底下 30m		护管底下 40m	
				α/°	d/m	α/°	d/m	α/°	d/m	α/°	d/m
NC23	40	3.4	2.37	8.3	1.02	13.7	2.91	17.5	5.70	19.9	8.95
NC24	40	2.2	1.54	5.0	4.0	12.7	5.51	21.5	8.65	24.2	12.81
NC38	40	1.1	0.77	9.6	0.76	22.4	3.74	37.1	9.54	45.5	18.17
NC47	40	2.5	1.74	6.4	0.77	12.3	2.36	19.5	5.23	22.7	8.89
NC65	46	2.3	1.85	4.9	0.65	8.1	1.82	9.6	3.34	10.4	4.88
NC69	46	1.2	0.96	4.4	0.48	7.9	1.63	10.2	3.21	12.0	5.16
NC73	46	1.2	0.96	4.7	0.53	8.6	1.73	13.2	3.69	19.8	6.59
SC49	58.5	19.8	19.82	29.8	4.79	—		—		—	

该项目采用不同试验方法得到标志性土层静力触探P_s值对比，见表 2.2-3。

不同试验方法得到标志性土层静力触探P_s值对比　　　　　　　表 2.2-3

层序	土名	常规静力触探P_s/MPa	测斜静力触探P_s/MPa
⑤$_{3-1}$	粉质黏土	0.95～3.47	1.13～3.05
⑥	粉质黏土	1.70～3.99	2.49～3.48
⑦$_{2-1}$	粉砂	6.85～19.41	8.55～17.34
⑦$_{2-1}$	粉砂	7.19～16.19	7.34～13.82
⑦$_{2-2}$	粉砂	13.03～33.37	15.12～24.74
⑦$_{2-2}$	粉砂	12.37～24.83	17.04～20.33
⑦$_3$	黏质粉土夹粉质黏土	5.63～12.25	6.45～11.96
⑧	粉质黏土夹黏质粉土	3.58～9.98	3.09～9.52
⑨$_1$	粉砂	8.29～20.07	9.26～17.86
⑨$_2$	细砂	12.01～31.36	13.57～40.44

综上可知：

（1）对于不同埋深的典型土层，采用不同试验方法所得静力触探P_s值无较大差异，勘探孔的斜度对静力触探P_s值影响不大。

（2）由于孔斜，孔底揭露的土层分布情况可能与勘探孔中心位置不符，因此需合理确定允许水平偏移距离；为控制孔斜，应严格控制勘探孔在上部土层中的倾斜。

（3）数字式静力触探测试仪（测斜探头）能够及时了解贯入中的垂直度和水平偏离距离，若超出规定的倾斜角度和水平偏离距离，可实时采取终孔措施，这为提高静力触探成果质量提供有力的技术支持。

（4）数字式静力触探测试仪基本控制了资料的真实性，从而杜绝造假行为。

2.3 数字化室内土工试验

　　室内土工试验是岩土工程勘察中的重要环节。试验人员使用试验仪器，并遵照规程对土样进行各种项目的测试，以确定土样的物理、力学性指标参数，为设计人员提供依据。土工试验的数字化建设也是十分必要的，使用土工试验自动化系统能够提高试验效率，辅助资料管理，实现收集、传输、加工、存储、更新、调用信息的准确、唯一，以及信息的共享。通过权限设置和管理环节的流程设置，实现土工试验管理过程受控、管理有序。

　　土工试验自动化系统是与土工试验采集配套的软硬件系统，由土工试验自动化采集软件和土工试验数据采集设备组成，可用于包括土样物理指标试验、固结试验、剪切试验、三轴试验及静止侧压力系数试验在内的土工试验数据采集工作。"土工试验数据处理软件"基本实现了常用测试项目自动化采集，为土工试验数字化奠定了坚实基础，土工试验数字化采集则在此基础上解决前端开土和物理试验指标自动化采集问题。在工程勘察现场记录过程中，生成土样电子标签，标签中采集工程相关信息及土样信息，进入土工试验室后，扫码快速获取土样关联的孔号、取土深度、土工试验布置单等信息并进入测试环节。该系统可与"土工试验数据处理软件"配套使用，经自动采集后的各类数据可直接传送到土工试验软件的数据库中，供后续数据处理使用。系统的典型界面如图 2.3-1～图 2.3-3 所示。

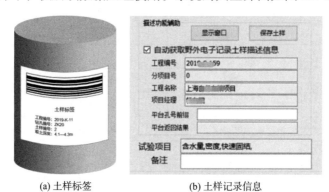

(a) 土样标签　　　　　　　　(b) 土样记录信息

图 2.3-1　土样标签与土样描述信息

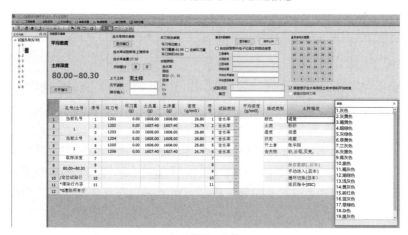

(a) 土样开土称重

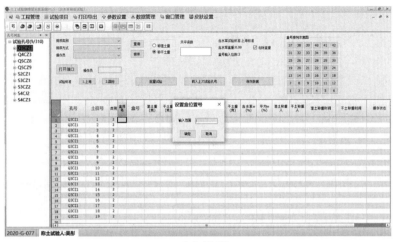

(b) 含水率试验

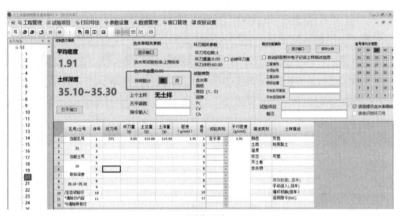

(c) 颗分试验

图 2.3-2　土工试验采集系统功能界面

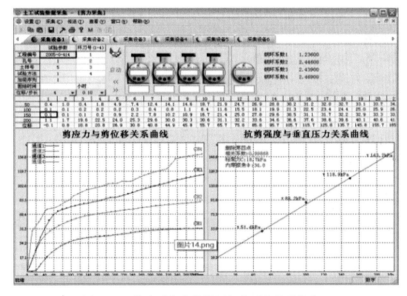

图 2.3-3　剪力采集参数设置与实时监控采集窗口

2.4 勘察数据处理与计算分析

作为整个勘察行业的中间阶段,勘察成果报告需要接收来自土工试验与原位测试的数据,同时将这些数据进行必要的整理、统计分析、计算及最终的报告成图。这一过程大约占用一个勘察项目将近一半的时间。为提高工作效率,减少技术人员不必要的重复劳动,通过如理正勘察、华宁勘察、城勘软件等行业软件开发的努力,目前已形成相对成熟的勘察数据处理解决方案,依据行业规范编制,集成了包括土工试验、工程计算在内的多种功能模块,可满足90%以上的勘察工程需求。目前主要分为土工试验数据处理、勘察数据处理、工程计算三方面的应用:

2.4.1 土工试验数据处理软件

为配套土工试验软件专业定制的一类软件,可完成常规土工试验的数据录入、计算、曲线分析及绘制,可生成成果汇总表格及各种试验记录表格,自动统计工作量并生成收费表,并可以向工程勘察软件传递土工试验数据。

该类软件可直接接收土工试验自动化采集系统发送的剪切、固结数据,实现土工试验一体化;逻辑清晰,操作简便,自动化程度高,无需大量数据输入工作;导出的土工试验数据可以直接导入工程勘察软件中,与工程勘察软件无缝连接,真正做到报告生成的一体化设计。

2.4.2 岩土工程勘察数据处理软件

集数据录入与编辑、统计分析、土工试验与静力触探数据传输、报告成图于一体的勘察工程信息处理软件。该类软件主要具有以下基本功能:

(1)输入输出数据。可载入已有的土工试验数据,工程数据;可输出集成所有数据类型的数据库,也可视具体需求输出单独的土工试验或者工程数据库;可自由导入或导出原位测试数据。

(2)数据编辑。可通过对外业数据的分析对地层进行定名划分,对各种类型工程孔进行必要的排序整理与删除,必要时也可对土工试验数据进行修改。

(3)统计分析。提供土工试验统计与原位测试统计功能,可按照孔或者层位信息进行统计,统计的结果会最终反馈在土层物理力学参数表中。

(4)报告成图。生成报告所需图表,包括室内土工试验表、工程地质剖面图、原位测试图等,并按要求格式输出。

(5)用户管理。赋予用户工程负责人权限、关联用户与工程等。

图 2.4-1 为软件生成的典型勘察成果图件。

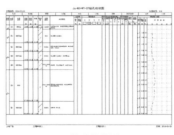
(a) 钻孔柱状图

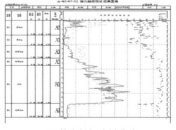
(b) 静力触探成果曲线

(c) 地层特性表　　　　　　　　　　　(d) 土层物理力学性质参数表

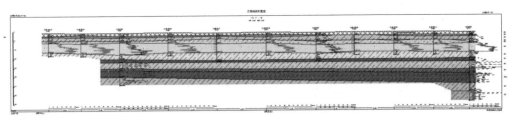

(e) 地层剖面

图 2.4-1　软件生成的典型成果图件

2.4.3　工程计算软件

对勘察数据进行后续处理，可与工程勘察软件配套使用，其调用的底层数据库与工程勘察软件一致，可进行液化判别、承载力和沉降量计算、输出报告书等工作，是勘察信息处理系统的重要组成部分之一。

2.5　工程地质数据管理

大数据时代中，最有价值的是数据，优质、丰富的数据和信息已成为企业重要的战略资源。国家"十四五"规划及《关于全面推进上海城市数字化转型的意见》指出，加快推动城市形态向数字孪生演进，构筑城市数字化转型"新底座"。在数字化转型大趋势下，各大勘察院都在积极构建勘察地质数据库及分析应用系统，合理解决传统地质资料分散、数字化程度低、资料查询利用效率低、数据分析利用难等系列问题，加强地质信息的高效管理和分析应用。

现有的地质数据管理系统，主要基于 Web 端 B/S 框架开发，分为二维和三维两种模式，在底层基础地质数据库的支撑下，实现海量工程地质、水文地质、基础地质等数据的统一汇聚，支持勘察数据管理、统计分析、地质成图、三维建模及区域专题图管理等功能，实现了对勘察数据数字化、标准化、集群化管理以及综合分析应用。同时，基于海量地质数据资源深度挖掘，实现大尺度地质风险分析，指导工程建设，降低地下空间开发风险。

地质信息管理系统架构图如图 2.5-1 所示。

地质数据库查询系统以地质信息资料的数字化管理解决大量工程的海量资料存储及查询的难题，提高数据的有效利用，有效节约成本。结合岩土分析功能，为解决复杂的岩土工程问题，控制风险，开发必要分析工具。图 2.5-2 显示了地质数据库查询系统主要功能。

地质信息管理系统

区域地图
- 地貌类型
- 地质分区
- 明/暗浜
- 古河道
- ②$_3$、⑤$_2$、⑥、⑦、⑧、⑨等重点地质图层

地质数据查询
- 地铁线路钻孔
- 行政区域钻孔
- 重点区域钻孔
- 项目查询
- 任意多边形
- 任意线周围
- 任意点周围

岩土分析
- 按深度筛选钻孔
- 动态地质剖面
- 静探曲线
- 钻孔统计

工程信息
- 基本信息
- 勘察报告
- 平面布置图
- 典型剖面
- 地层特性表
- 物理力学参数

数据导出
- 导出勘察项目
- 导出取土孔
- 导出静探孔
- 导出地质建模数据

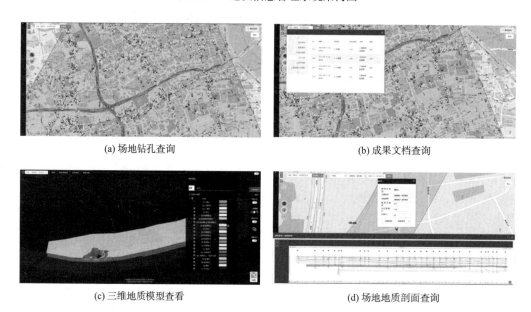

图 2.5-1　地质信息管理系统架构图

(a) 场地钻孔查询　(b) 成果文档查询

(c) 三维地质模型查看　(d) 场地地质剖面查询

图 2.5-2　地质数据查询系统

2.6　三维地质与 BIM 应用

2.6.1　三维地质体建模

三维地层建模是地下空间数字化的一个关键步骤。隧道、地下管线等地下工程的展示、分析与应用都离不开精确的三维地质模型。如何快速高效建立准确、合理的三维地质模型，是工程实践中的难点和重点。

三维地质建模技术的本质是基于勘探数据，结合三维立体图形构造技术，完成对地质情况的三维形状还原。因此，立体几何构造、拓扑结构、参数信息是三维地质建模的主要组成因素，也是主要特征。三维地质模型包含了地质几何信息、拓扑信息以及属性信息，这些信息来源于测绘、勘探、现场试验和室内试验等，具有离散性、多解性、复杂性的特点。其中几何造型是三维地质建模的核心内容，是指根据地质地理数据，利用数学、几何

与地质分析方法重构地质对象的空间几何形态，并利用点、线、面、体等基本几何元素及其衍生的几何元素表示地质对象的过程。

为了方便、简洁、合理地表达、存储与管理三维地质模型，必须建立有效的三维空间数据模型。常用的空间数据模型包括两大类：曲面表示模型与体元表示模型。曲面表示模型是指用曲面的组合来表示地质对象，常见的曲面表示模型有线框表示模型、表面模型、边界表示模型等。体元表示模型是将地质对象离散为若干三棱柱、四面体、六面体等形式的基本体元，用体元的组合表示地质体。常见的体元表示模型有三棱柱模型、四面体模型、规则块体模型等。另外还有一种简单、快速的拉伸地质建模方法，该方法通过钻孔剖面连线向两侧横向拟合拉伸，生成三维地质体，避免了大量切割网格的过程，易于掌握、出错率低、建模速度快，但是缺少三维平面控制，平面精度较低，主要适用于地形平坦、地层简单的地质建模。

由于地质问题的复杂性、未知性和多解性，而且受实际条件和勘探手段的限制，建模采用的地质信息往往是不均匀的、离散的、有限的。因此，寄希望于计算机自动建立一切地质模型是不现实的，方便的人工交互和专家经验在三维地质建模中显得尤为重要，甚至是必须的。为了构建连续、准确、美观的三维地质模型，空间加密与空间插值是必不可少的手段。

（1）网格剖分与优化

网格生成是地质建模构造的基础，网格的全自动生成技术不仅可以节省时间，而且可以减少差错，为计算带来高效性和可靠性，因此研究快速、高效的网格生成算法就显得尤为重要。目前网格生成方法很多，分类方法也很多，要想对所有网格生成算法进行分类是相当困难的，有的网格生成方法按所选定的分类方法很难划入某一类型之中，而某些方法则可能跨越多种类型。网格生成算法大致可以分为两大类：映射函数法和非映射函数法，其中映射函数法是生成结构化（Construction）网格的方法，非映射函数法是生成非结构化（Non-Construction）网格的方法。

映射函数法又分为映射单元法及保角映射法。映射单元法要求将目标区域手工分成许多有利于映射操作的简单子区域，然后定义映射函数，将非规则区域映射成一个规则区域（如正方形区域），然后在规则区域上进行网格剖分，再将规则区域上的网格点反映射到原来的非规则区域上形成网格剖分。保角映射法能直接处理单连通区域的问题，但是该法难以控制单元形状和单元密度，很少使用。

早期的有限元网格生成基本上都依赖于映射方法，所生成的网格通常称为结构化网格。该方法的优点在于方法简单、效率高，生成的网格也比较规则，能够用于曲面网格的生成。但其最大弊端在于要事先根据所要产生的网格将目标区域分割成一系列可映射的子区域，这一工作通常需要人工完成，自动化程度较低，不适合全自动的网格生成。另外，如何设计映射函数也是一个比较复杂的问题，如果设计不好，容易造成网格的重叠或空洞。所以目前比较流行的还是非映射函数法。

非映射函数法又称非结构化网格生成方法，这一类方法都可实现不同程度的自动化，所以有时也称其为网格自动生成方法。对于非映射函数法，目前最为流行的是 Delaunay 三角剖分方法和前沿生成算法。在各种三角剖分算法中，Delaunay 三角剖分是目前最流行的通用全自动网格生成方法之一。它的优点是空圆特性和最大化最小角特性，这两个特性避免了狭长三角形的产生，也确保了生成三角网络的唯一性和最优性，使得 Delaunay 三角剖分应用广泛。主要的 Delaunay 三角剖分算法有分治算法、逐点插入算法、三角网生长算法等。

（2）插值算法与交叉验证

三维地质建模一般从钻孔柱状图中将不同土层的分界点取出作为建模数据源。由于钻孔之间的距离稀疏程度、方向、数据值存在差异，且钻孔以外未知的地质特性需要插值和推断，散乱点插值在地学领域有着广泛的应用前景。空间插值分析算法的分类方式有多种，按插值的区域范围分类，可以分为整体插值、局部插值、边界内插法等；按照插值的标准分类，可以分为确定性插值、地学统计插值；按插值的精度分类，可以划分为精确插值、近似插值。常用的用于地质界面模拟方法有：克里金（Kriging）插值方法、离散光滑插值（DSI）方法、距离倒数加权插值（IDW）方法、趋势面插值方法等。

克里金插值方法是法国地理数学家 Georges Matheron 和南非采矿工程师 D. G. Krige 发明的一种用于地质统计学中金矿品位的优化插值方法。克里金方法通过引进以距离为自变量的半变差函数来计算权值，由于半变差函数既可以反映变量的空间结构特性，又可以反映变量的随机分布特性，利用克里金方法进行空间数据插值往往可以取得理想的效果。另外，通过设计变差函数，克里金方法很容易实现局部加权插值，克服了一般距离加权插值结果的不稳定性。在地质统计学中，根据应用目标的区别，发展了多种克里金方法，如普通克里金方法、泛克里金方法、对数正态克里金方法、协同克里金方法与指示克里金方法。在三维地质建模过程中，克里金法被作为插值方法，能够最大程度地保证地质界面与原始数据的符合，且不依赖于网格。

离散光滑插值（Discrete Smooth Interpolation）方法由法国南锡大学 J. L. Mallet 教授提出，是著名地质建模软件 GoCAD 的核心技术。DSI 的基本内容是，对一个离散化的自然体模型，建立相互之间联络的网络，如果网络上的点值满足某种约束条件，则未知结点上的值可以通过解一个线性方程得到。该方法依赖于网格结点的拓扑关系，不以空间坐标为参数，是一种无维数的插值方法。

空间插值的本质就是根据已知点的数值，确定其周围点（预测点）的数值。无论采用何种插值方法，无论该方法有着怎样的优越性，最终得到的结果都是预测值。在没有更多信息的前提下，交叉验证（Cross Validation）就是一种合理的确定插值结果是否可信的方法。其本质是拿出一些已知点作为预测点，这些点不参与上述已知点关系的插值计算过程，而是作为验证数据来衡量预测是否合理。比如，每次拿出一个已知点作为验证数据，来验证这个点的预测值，就可以得到所有已知点与其预测值之间的偏差，这个所有点的偏差从某种程度上讲提供了整个预测方法是否合理的依据。常用的误差衡量标准是交叉验证的方差和标准差。常见的交叉验证形式有 Holdout 验证、k 折交叉验证和留一验证。

（3）地质界面拟合与曲面求交

地质界面的模拟是三维地质建模最重要的内容之一。地质界面是一种曲面，大多数用于曲面造型的方法也可以应用于模拟地质界面。在三维地质曲面表示模型中，模拟与组合地质界面的过程中会发生大量的曲面求交运算。三维地质曲面分为不规则三角网曲面（TIN）、栅格曲面、NURBS 曲面等，不同类型的曲面有相应的求交算法。常见的曲面求交算法有分割法、网格法、等值面法、交线追踪法等。

（4）基于 BIM 应用的三维建模软件

近年来，BIM 技术在建筑工程领域蓬勃发展，在岩土工程领域也得到了深入应用，对三维地层信息模型的需求也越来越迫切。在这一背景下，不少单位利用 Revit API 二次开发技术，建立三维地质模型，借用三维地质建模研究成果，实现 BIM 技术在岩土工程勘察领域的应用，并与建筑结构等其他专业协同工作，共同服务于建筑业。

BIM 技术可以通过地质数据库中的原始勘察资料，快速、方便地实现三维地质（地层、钻孔）建模，并对地层赋予属性，方便后期的查看与管理，实现三维模型与属性数据的联动变化，解决了以往人工进行岩土层建模工作时工作量大且烦琐、容易出错、建模效率较低等问题，用户可以三维方式浏览并管理勘察成果，进一步挖掘了 BIM 在工程勘察领域中的作用。

基于 BIM 技术实现的三维建模软件所具有的功能包括地层创建、模型编辑、模型查看、分析计算等。

2.6.2 三维地质系统应用

（1）地层创建

基于 BIM 技术的三维地质快速建模，首先读取勘察成果数据，通过克里金法、距离倒数加权法和尖灭地层生成法，轻量化地层模型整合技术，长短孔地质模型生成技术和 Revit 自适应模型技术，快速建立在建工程场地三维几何模型。图 2.6-1 为地质信息模型创建流程图，图 2.6-2 为地层创建功能界面，图 2.6-3 为创建的地质信息模型。

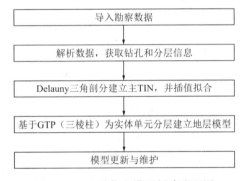

图 2.6-1 地质信息模型创建流程图

图 2.6-2 地层创建功能界面

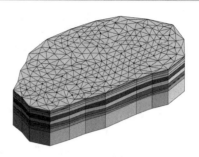

图 2.6-3　地质信息模型

针对夹层、透镜体以及暗浜等地质建模难点，三维地质建模系统可通过人机交互功能，实现透镜体建模范围的人工框定，结合透镜体在深度方向的分布范围，快速建立多种透镜体的空间分布形态，包含向上尖灭、中间尖灭、向下尖灭等空间分布形态，如图 2.6-4 所示。

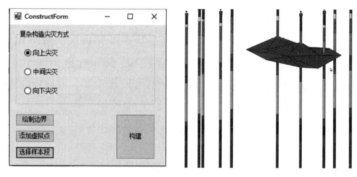

图 2.6-4　透镜体等不良地质体建模界面及模型

用户也可以创建水文地质模型（图 2.6-5），针对每一含水层定义其承压性以及其他水文地质参数，软件将按照上海市工程建设规范《岩土工程信息模型技术标准》DG/TJ 08—2278—2018，对于不同的（微）承压水类型显示不同的颜色。

图 2.6-5　水文地质模型

（2）模型编辑

地质信息模型通常需要进行开挖操作，三维地质系统软件支持两种地质模型开挖模式，一种为空心开挖，直接挖空土层，计算每层土的开挖方量；另一种为保留土层开挖，即保留被挖出的土层模型，并计算开挖方量。此两类开挖方式通常配合使用，后者挖出的土层模型可用于施工阶段,反映不同工况下真实的地层开挖情况。图 2.6-6 为被挖的土层和挖出的土层及其土方量统计。

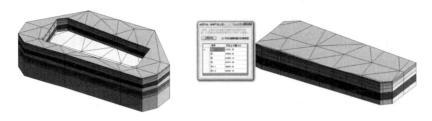

图 2.6-6　模型土层开挖效果图

（3）模型查看

三维地质系统支持模型二维勘察剖面生成,功能界面如图 2.6-7（a）所示,基于地质信息模型,可沿任意方向、折线或曲线剖切模型,生成地质模型剖面。图 2.6-7（b）为某地质模型进行栅格式剖切后的效果图。

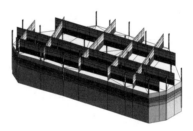

(a) 模型剖面功能界面　　　　　　　　　(b) 模型剖面效果图

图 2.6-7　地质剖面创建

三维地质模型除了实现钻孔信息的三维表达,更重要的是需要传递模型属性信息,包括项目信息、勘探孔信息和地层信息,因此需要特定的查看模块完成信息的传递与表达。在三维视图中点选一个钻孔,可点击查看该勘探孔基本信息,如图 2.6-8 所示,包括勘探孔编号、勘探孔类型、X 坐标、Y 坐标、孔口标高、孔深信息,基本涵盖勘探孔的实测信息。

图 2.6-8　勘探孔信息

点击【钻孔柱状图】按钮可查看在勘察软件中生成的钻孔柱状图,如图 2.6-9 所示。

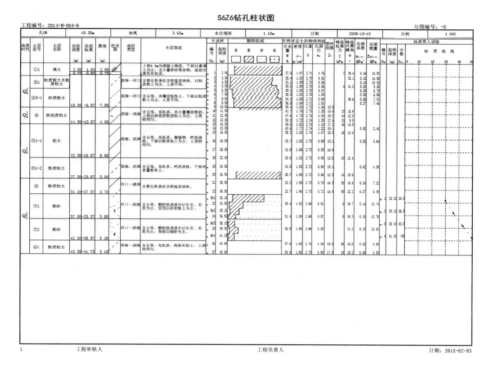

图 2.6-9　钻孔柱状图

三维地质系统软件梳理了设计、施工等阶段常用的土层物理力学性质参数，通过功能开发，可一键写入地层模型。同时，软件与勘察数据文件对接，实现地层特性参数与全量物理力学性质参数查询，如图 2.6-10 所示。

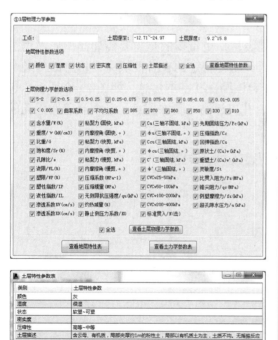

土层岩土力学物理力学性质参数表	
*表中所列均为参数的平均值	
参数名称	参数值
含水量/W(%)	33.5
重度/γ(kN/cm3)	18.2
比重/G	2.73
饱和度/Sr(%)	95
孔隙比/e	0.966
液限/WL(%)	36.2
塑限/WP(%)	20.3
塑性指数/IP	15.8
液性指数/IL	0.83
渗透系数KV(cm/s)	1.93E-07
渗透系数KH(cm/s)	2.65E-07
粘聚力(固快,kPa)	21
内摩擦角(固快,。)	16.2
粘聚力(快剪,kPa)	
内摩擦角(快剪,。)	
粘聚力(慢剪,kPa)	
内摩擦角(慢剪,。)	
压缩系数(MPa-1)	0.44
压缩模量(MPa)	4.64
无侧限抗压强度/qu(kPa)	
灼热减量(%)	
静止侧压力系数/K0	0.48

图 2.6-10　地层信息

（4）分析计算

三维地质系统软件集成了地基承载力和单桩竖向承载力计算功能。地基承载力计算支持采用项目物理力学统计参数、多孔加权平均参数和单孔参数三种计算模式，提供采用土的抗剪强度指标和采用静力触探成果两种计算方式，功能界面如图 2.6-11 所示。该模块还可进行土层比选计算，计算结果可导出计算书，还可综合基础所在地层地基承载力计算结果输出综合计算书，进行对比分析，如图 2.6-12 所示。

单桩承载力计算功能界面如图 2.6-13 所示，除支持常用预制方桩、预制管桩、钻孔灌注桩、抗拔预制方桩、抗拔预应力管桩、抗拔灌注桩等桩型计算外，还增加后注浆灌注桩等桩型承载力计算。选定某个钻孔后，可自动获取分层信息，用户根据土性参数设立土层 f_s、f_p、λ、β_s、β_p 等数值，一次填写后，参数值即写入所选钻孔对应的土层中，便于后续使用调用。计算成果亦可导出计算书。

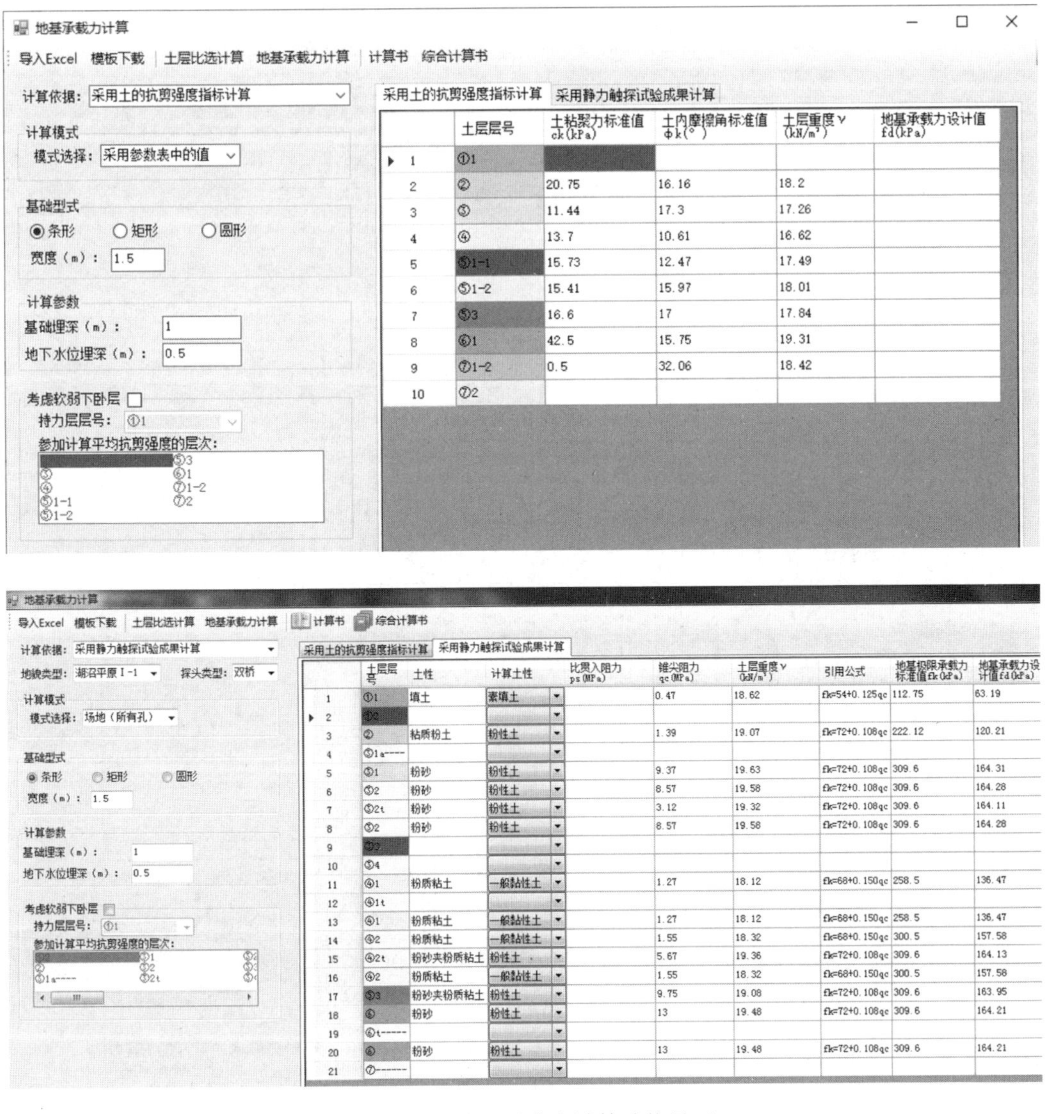

地基承载力计算

导入Excel　模板下载　土层比选计算　地基承载力计算　计算书　综合计算书

计算依据：采用土的抗剪强度指标计算

采用土的抗剪强度指标计算 ｜ 采用静力触探试验成果计算

计算模式　模式选择：采用参数表中的值

基础型式　●条形　○矩形　○圆形　宽度（m）：1.5

计算参数　基础埋深（m）：1　地下水位埋深（m）：0.5

考虑软弱下卧层 □　持力层层号：①1

参加计算平均抗剪强度的层次：

	土层层号	土粘聚力标准值 ck(kPa)	土内摩擦角标准值 Φk(°)	土层重度 γ(kN/m³)	地基承载力设计值 fd(kPa)
1	①1				
2	②	20.75	16.16	18.2	
3	③	11.44	17.3	17.26	
4	④	13.7	10.61	16.62	
5	⑤1-1	15.73	12.47	17.49	
6	⑤1-2	15.41	15.97	18.01	
7	⑤3	16.6	17	17.84	
8	⑥1	42.5	15.75	19.31	
9	⑦1-2	0.5	32.06	18.42	
10	⑦2				

地基承载力计算

导入Excel　模板下载　土层比选计算　地基承载力计算 ｜ 计算书　综合计算书

计算依据：采用静力触探试验成果计算　　地块类型：湖沼平原 I-1　探头类型：双桥

计算模式　模式选择：场地（所有孔）

基础型式　●条形　○矩形　○圆形　宽度(m)：1.5

计算参数　基础埋深（m）：1　地下水位埋深（m）：0.5

考虑软弱下卧层 □　持力层层号：①1

参加计算平均抗剪强度的层次：

	土层层号	土性	计算土性	比贯入阻力 ps(MPa)	锥尖阻力 qc(MPa)	土层重度 γ(kN/m³)	引用公式	地基极限承载力标准值 fk(kPa)	地基承载力设计值 fd(kPa)
1	①1	填土	素填土		0.47	18.62	fk=54+0.125qc	112.75	63.19
2	③2		粉性土						
3	②	粘质粉土	粉性土		1.39	19.07	fk=72+0.108qc	222.12	120.21
4	①1a----								
5	⑤1	粉砂	粉性土		9.37	19.63	fk=72+0.108qc	309.6	164.31
6	⑤2	粉砂	粉性土		8.57	19.58	fk=72+0.108qc	309.6	164.28
7	⑤2t	粉砂	粉性土		3.12	19.32	fk=72+0.108qc	309.6	164.11
8	⑤2	粉砂	粉性土		8.5T	19.58	fk=72+0.108qc	309.6	164.28
9	③2 4								
10									
11	⑥1	粉质粘土	一般粘性土		1.2T	18.12	fk=68+0.150qc	258.5	136.47
12	⑥1t								
13	⑥1	粉质粘土	一般粘性土		1.2T	18.12	fk=68+0.150qc	258.5	136.47
14	⑥2	粉质粘土	一般粘性土		1.55	18.32	fk=68+0.150qc	300.5	157.58
15	⑥2t	粉砂夹粉质粘土	粉性土		5.6T	19.36	fk=72+0.108qc	309.6	164.13
16	⑥2	粉质粘土	一般粘性土		1.55	18.32	fk=68+0.150qc	300.5	157.58
17	⑤3	粉砂夹粉质粘土	粉性土		9.75	19.08	fk=72+0.108qc	309.6	163.95
18	④	粉砂	粉性土		13	19.48	fk=72+0.108qc	309.6	164.21
19	⑥t-----								
20	④	粉砂	粉性土		13	19.48	fk=72+0.108qc	309.6	164.21
21	⑦------								

图 2.6-11　地基承载力计算功能界面

天然地基承载力综合计算书

项目编号：2014-G-019

计算条件：
  1、基础形式：条形
  2、基础宽度（m）：1.5
  3、基础埋深（m）：5
  4、地下水位埋深（m）：0.5
  5、不考虑软弱下卧层影响

土层比选模式计算结果：

层号	土层名称	ps值(MPa)	γ(kN/m³)	ck(kPa)	φk(°)	按照强度指标确定(kPa)	按照ps确定(kPa)	建议值(kPa)
②	粉质粘土	0.78	18.2	20.75	16.16	145.25	132.19	
③	淤泥质粉质粘土	0.48	17.26	11.44	17.3	116.35	96.17	
④	淤泥质粘土	0.5	16.62	13.7	10.61	103.19	94.54	
⑤1-1	粘土	0.72	17.49	15.73	12.47	118.24	124.63	
⑤1-2	粉质粘土	0.97	18.01	15.41	15.97	130.14	144.07	
⑤3	粉质粘土	1.32	17.84	16.6	17	134.33	166.86	
⑥1	粉质粘土	2.19	19.31	42.5	15.75	204.88	232.86	
⑦1-2	粉砂	8.75	18.42	0.5	32.06	149.66	203.61	

承载力计算模式计算结果：

层号	土层名称	ps值(MPa)	γ(kN/m3)	ck(kPa)	φk(°)	按照强度指标确定(kPa)	按照ps确定(kPa)	建议值(kPa)
③	淤泥质粉质粘土	0.48	17.26	11.44	17.3	111.52	94.08	

上表中γ为基础底面以下土的重度，地下水位以下取浮重度。
按照《地基基础设计标准》(DGJ08-11-2018)和《岩土工程勘察规范》(DGJ08-37-2012)计算。

审核人：   计算人：

日期：2019/12/16

图 2.6-12　地基承载力综合计算书

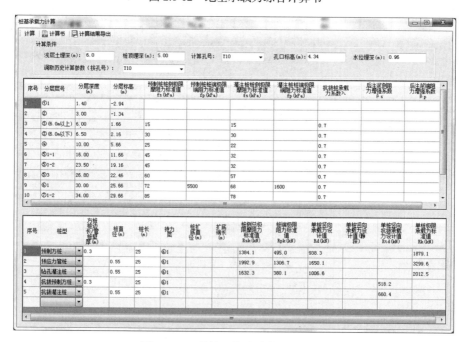

图 2.6-13　单桩承载力计算功能界面

2.7　岩土工程勘察质量信息化管控平台

2.7.1　系统框架

当不同单位或部门从事岩土工程勘察，作为实施主体单位或政府部门需对勘察质量进行监管时，信息化监管平台的需求就提上日程了。一般而言，信息化监管平台应集成地理信息、移动网络、智能仪器采集等技术，建立由审查中心、勘察单位、勘探劳务公司、土工试验分包单位、审图公司组成的互通互联的监管系统，实现岩土工程勘察项目质量的全过程数字化监管，便于监管部门管理、追溯、核查。系统功能应主要包括项目信息管理、外业数据采集、土工试验数据管理、勘察成果上传、审图信息管理等。本节以上海市勘察质量信息化管控平台为例，说明岩土工程勘察质量信息化管控平台的系统框架、运营模式和主要功能。

上海市勘察质量信息化管控自 2020 年上线以来历经多次改版升级，目前已成为上海市"一网通办"的一个模块，全面覆盖上海市住建系统岩土工程勘察项目，每年以约 300 项目、16 万勘探孔数量增加，总体运营稳定，对质量监管发挥了重要作用，平台整体框架如图 2.7-1 所示。

图 2.7-1　岩土工程勘察质量信息化管控平台系统框架

2.7.2　系统运营模式

1）用户权限分析

上海市岩土工程勘察质量信息化管控平台中，建立了三个主要角色：政府、审图机构和企业。三个角色的监管系统之间相互流通，相互透明，数据共享。同时，监管系统将针对各角色特点，提供与之对应的特殊功能，真正实现"一个系统，不同用户，各取所需，实现共赢"。

（1）政府（审查中心）

政府可通过平台内设的监管系统加强监管信息化建设，强化科学监管，实现对监管方式和监管手段的科学化。政府可在市级层面建立统一的勘察企业从业人员和施工图审查机构的勘察项目质量监管系统，将项目实施的全过程进行记录，并可追溯原始数据，以提高勘察项目实施中的违规成本，进一步规范从业人员的行为活动，真正将监管压力传递给相关企业及从业人员，优化行业健康发展的市场环境。另外，由于监管系统可实现勘察数据上传的实时性，政府部门可随时到外业现场进行"线下检查"，增加了政府监管的威慑力，"线上线下"同时监管，协同解决外业数据弄虚作假的问题。

（2）审图机构

通过监管系统，审图机构不仅可查阅勘察报告成果，也可追溯项目所有野外原始数据，并直接开具审查意见，大大提高项目成果的审查效率和可靠性。

（3）企业

企业用户可进一步划分为三类：勘察单位，勘探劳务公司，土工试验公司。企业用户可借助平台系统对勘察项目的各环节加强内控，及时发现项目中存在的质量隐患或不合格环节并加以解决，从而更好地实现内部质量管控，促进企业内部质量体系提升。

2）服务流程设计

不同角色根据岩土工程勘察生产和信息传递流程形成相应的管理痕迹和数据（图2.7-2），最终形成岩土工程勘察从采集至应用环节的闭环作业。

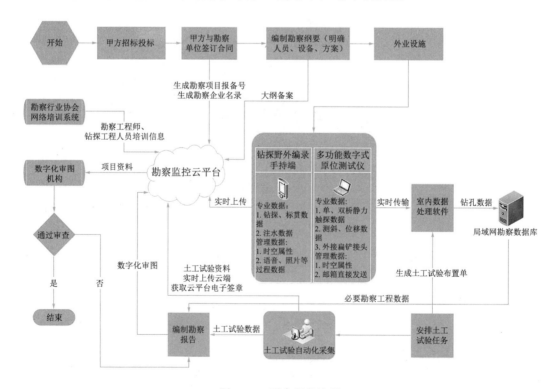

图 2.7-2　平台服务流程

2.7.3 系统主要功能

岩土工程勘察质量信息化管控平台根据不同用户分为审查中心、勘察单位、外业勘探劳务公司、室内土工试验室、审图机构五个角色。在监管系统中，根据各用户的职能，赋予不同的权限和功能。

1）审查中心

审查中心是岩土工程勘察质量信息化管控平台的核心用户。监管系统基本结构和功能如下：

（1）登录界面

在登录界面中，不同单位可通过与之对应的入口进入监管系统，如图 2.7-3 所示。

图 2.7-3 监管系统入口登录界面

（2）系统首页

在系统首页上方，可以根据不同条件对项目进行快速检索。项目信息既可以用列表形式查看，也可以用地图模式查看，如图 2.7-4、图 2.7-5 所示。

图 2.7-4 监管系统主界面（列表模式）

图 2.7-5 监管系统主界面（地图模式）

在项目系统左侧列表中，可查看和编辑项目具体信息、审查中心人员信息、勘察单位信息、外业勘探劳务公司信息、土工试验分包公司信息、审图公司信息、公告信息等。

（3）项目具体信息

项目具体信息界面可以查看外业记录信息、土工试验信息、勘察成果信息、审查意见，如图 2.7-6 所示。

图 2.7-6 项目具体信息查看界面

（4）外业记录

外业记录界面中可以在地图中看到钻探孔与静力触探孔所在位置。点开相应钻孔，可查看钻孔详细信息及现场照片，如图 2.7-7 所示。

2）勘察企业

勘察单位登录界面、首页界面与审查中心基本一致。勘察单位仅能查看和编辑本单位所属项目。项目具体信息界面也与审查中心一致。最大区别在于勘察单位具有勘察成果上传功能，可将勘察成果上传至监管系统中，如图 2.7-8 所示。

图 2.7-7　监管系统外业记录界面

图 2.7-8　勘察单位监管系统主界面

3）外业勘探劳务公司

勘探劳务公司登录功能、首页功能及查看项目详细信息功能与审查中心相似。外业勘探劳务公司可对外业班组进行任务分配。外业班组在进行野外钻探时，使用专业的野外钻探手持端，将野外钻探结果实时上传至监管系统中。同时，为了提高外业数据的真实性，手持端强制要求上传时间、GPS 数据等关键数据不可更改，有效降低外业班组数据造假的可能性，如图 2.7-9 所示。

4）土工试验室

土工试验室各功能与勘察单位类似，可上传土工试验成果，如图 2.7-10 所示。

时间无法修改　　　　　　　　　　　　　　　　GPS位置无法修改

图 2.7-9　外业勘探劳务公司手持端系统界面

图 2.7-10　土工试验监管系统主界面

第3章

岩土工程设计数字化应用

3.1 概述

岩土工程设计是依据现行的规范与工程实践经验，针对与岩土介质密切相关的人类工程活动，提出安全可靠、切实可行、技术先进、经济合理的方案设计与施工图设计，包括基坑围护、地基处理、边坡治理、地下水控制、纠偏加固以及环境岩土工程等。随着城市用地的日益减少和高层建筑的日益增多，岩土工程设计涉及的地质条件、场地环境、工程要求等问题日趋复杂，而相应岩土工程设计理论和方法的滞后，给岩土工程设计工作带来了较大的困难，使得岩土工程的设计与工程实际状况存在较大偏差，造成工程事故或浪费。目前已有大型设计院、高校研究院所等开展岩土工程设计数字化方面的研究，通过深化数字化技术的应用，为项目全过程咨询的开展提供支撑，提升设计能力和工程整体价值。其中，BIM技术应用是近年来较为热门的数字化技术之一，通过BIM技术可以提升岩土工程设计的品质，减少设计差错，提高沟通效果，使产品和服务的价值得到提升。另一种方式是基于参数化、精细化的有限元数值模拟技术，可以准确地反映岩土材料的复杂本构关系。BIM和有限元数值技术进步对提升设计水平，打通勘察-设计-施工的关节，实现闭环应用，体现岩土工程一体化理念均具有重要作用。

以基坑围护设计为例，采用BIM技术创建的基坑BIM模型，可以实现设计、监测、施工等过程数据共享，它通过数字信息仿真模拟基坑所具有的真实信息，具有可视化、协调性、仿真性、优化性和可出图性五大特点。

（1）可视化

可视化即"所见所得"的形式，BIM技术提供了可视化的思路，让人们将以往的线条式的构件形成一种三维的立体实物图形展示在人们的面前；现有的建筑设计（包括基坑设计）也有出效果图的工作，但是这种效果图是通过识读设计出的空间信息制作出来的，并不是通过构件的信息自动生成的，缺少了同构件之间的互动性和反馈性。BIM提到的可视化是一种能够同构件之间形成互动性和反馈性的可视，在BIM模型中，由于整个过程都是可视化的，可视化的结果不仅可以用来作为效果图的展示及报表的生成，更重要的是，项目设计、建造、运营过程中的沟通、讨论、决策都在可视化的状态下进行，大量建筑信息固化在三维模型中，是空间信息与非可视信息的集成。

（2）协调性

这个方面是基坑的重点内容，不管是业主、设计单位还是施工单位，无不在做着协调及相配合的工作，包括基坑与周边环境的协调、与周边管线的协调、与主体建筑结构之间的协调等。BIM 模型可在施工前对各类型的碰撞问题进行协调，生成协调数据，提炼出来后可逐一核实解决。

（3）仿真性

仿真性并不是只能模拟设计出的基坑模型，还可以模拟不能够在真实世界中进行操作的事件。在设计阶段，BIM 可以对设计上需要的事件进行模拟试验；在招标投标和施工阶段可以进行 4D 模拟（三维模型加项目的发展时间），也就是根据施工的组织设计模拟实际施工，从而确定合理的施工方案来指导施工。同时还可以进行 5D 模拟（基于 3D 模型的造价控制），从而实现成本控制；后期运营阶段可以模拟日常紧急情况的处理方式等。

（4）优化性

事实上，整个基坑设计、施工的过程就是一个不断优化的过程。当然，优化和 BIM 也不存在必然联系，但在 BIM 的基础上可以做更好的优化、更好地做优化。优化受三个方面的制约：信息、复杂程度和时间。没有准确的信息做不出合理的优化结果，BIM 模型提供了实际存在的信息，包括几何信息、物理信息、规则信息。复杂程度高到一定程度，参与人员本身的能力无法掌握所有的信息，必须借助一定的科学技术和设备的帮助。BIM 及与其配套的各种优化工具提供了对复杂项目进行优化的可能。

（5）可出图性

BIM 通过对基坑进行可视化展示、协调、模拟、优化以后，可以帮助设计单位出整套的设计图纸。

3.2　基坑围护设计 BIM 应用

基坑围护设计是较为典型的岩土工程设计类型，基坑工程三维设计是利用 BIM 技术，按照设计流程依次进行方案设计、初步设计和施工图设计，先建立三维模型，然后根据三维模型生成设计产品或图纸。BIM 模型中所有的构件都是建筑实体构件，并且包含工程的各类信息数据，结合使用拓展应用程序可以对其进行设计、分析和模拟等。同时，BIM 模型具有一处更改、处处更新的特点，可以满足模型实时更新的要求。在项目实施的过程中，经常需要与业主、施工单位、监理等沟通协调，可以通过 BIM 模型对设计方案进行展示和修改，从而保证项目沟通的高效性和实施的可行性。BIM 模型数据可直接作为方案报批材料，加快专项方案的审批周期，提高建设效率。

3.2.1　基坑围护结构 BIM 模型构件库标准

基坑构件相对独立，是基坑 BIM 模块化、参数化设计的基础资源，为一个基坑项目使用而制作的构件可以直接或者经少量修改用到另一个项目中。将企业已有的模型或者构件作为一种资源累积起来，即是构件族库，以备在新的项目中使用。这样的好处是可以避免大量的重复建模工作，缩短设计周期，提高生产效率，并且放入到族库中的构件经过试验及使用多次验证，可避免建模时可能的错误，提高设计质量。

随着应用的普及，企业构件库规模的增长可能极为迅速，如果缺少合理的分类标准，当资源库所包含的数量达到一定规模时，模型构件族库的管理、查找、重复的代价可能远超过重新建族的代价。因此，BIM 族库的分类是建族的首要工作。

1）分类原则

结合《设计企业 BIM 实施标准指南》（清华大学 BIM 项目组，中国建筑工业出版社）以及其他相关项目的研究成果，提出了基坑族分类的基本原则。

原则 1：遵循使构件相对独立的原则进行划分。

原则 2：分类应保证族构件可在不同的项目中重复使用。

原则 3：分类宜采用面分法，同时在每个刻面内采用线分法。

原则 4：分类目录应对未来可能出现和处理的分类项留出空间，便于扩充。

2）构件族分类

按照上述原则，本项目将基坑常用的构件进行了分类示例，见表 3.2-1。

基坑构件分类示例表

表 3.2-1

类型	结构材料	构件
挡土及止水结构	钢筋混凝土构件	地下连续墙
		灌注桩
		管桩
		工字形混凝土桩
		异形混凝土桩
		重力坝压顶
	钢构件	H 型钢
		槽钢
		拉森钢板桩
		焊管
		异形钢板桩
		插筋
	水泥土构件	单轴搅拌桩
		双轴搅拌桩
		三轴搅拌桩
		五轴搅拌桩
		高压旋喷桩
		压密注浆
	木构件	圆木
水平支撑体系	钢筋混凝土构件	现浇混凝土梁式支撑
		现浇混凝土板式支撑
		栈桥
		换撑
	钢构件	钢管支撑
		钢管活络头
		型钢围檩支撑
		型钢支撑
		组合型钢支撑

续表

类型	结构材料	构件
竖向支撑体系	混凝土构件	立柱桩
	钢构件	型钢立柱
		角钢格构柱
		圆钢管立柱
	复合构件	圆钢管混凝土立柱
		方钢混凝土立柱
锚杆体系	钢筋锚杆	全粘结型锚杆
	钢绞线锚索	钻孔注浆钢绞线锚索
		高压旋喷钢绞线锚索
	土钉	粘结型土钉
		击入式土钉
降水系统	疏干井	轻型井点
		深井疏干井
	减压井	深井减压井
	回灌井	深井回灌井

3）构件库系统

（1）系统架构

根据标准化构件库体系梳理和需求分析，可建立系统整体架构如图 3.2-1 所示。系统采用展现层、应用层、功能层、基础设施层的架构开发。其中展现层通过 Web 端和 Revit 插件端实现，是将功能呈现给用户或处理用户输入的应用程序；应用层按照用户输入的指令对数据进行业务逻辑处理；系统功能层对数据进行调用操作，为应用层、展现层提供数据服务。基础设施层是平台搭建的物理基础，是云服务器的实际本体。

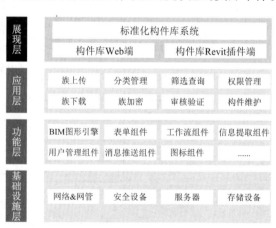

图 3.2-1 标准化构件库系统整体架构

（2）功能架构

针对 BIM 应用特点、人员工作内容及职责，建立了系统权限体系和配套的功能架构，功能架构主要涉及：

①在 Web 和 Revit 环境下实现岩土工程标准化构件的上传与下载；

②实现权限分级管理。管理员具有构件库的管理功能，包括构件的批量上传、删除、下载等功能，一般构件库使用人员只有下载并在 Revit 环境下使用的功能；

③为防止发生构件泄漏，增加了构件加密功能，经过加密的构件，无法实现构件参数、计算公式的查看与编辑功能。

（3）管理体系

标准化构件库建设过程需要形成构件库的管理体系，建立"上传-审核-共享-管理"的运行机制，提升构件审核入库、共享使用和集中管理的管理流程标准化程度，从而更有效地进行标准化族构件数据资产的管理。图 3.2-2 为标准构件库系统管理体系。

用户可在构件库系统中上传族构件，经管理人员审核后，合格构件将被收录入库，供共享使用。上传-审核过程在系统标准化流程中完成，系统会将其推送给指定的审核人员，审核人员严格根据前述审核标准进行验证，对满足要求的构件进行入库批准，对于有缺陷的构件，将返回错误报告给制作者。这一模式下，使用者通过平台查阅到的构件资源均符合标准，大大增加了构件资源的平均质量水平和可靠程度，通过平台的应用也建立了优质构件资源的共享机制。

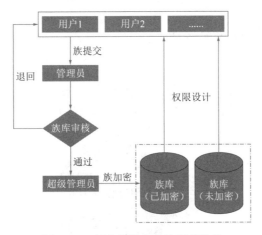

图 3.2-2　标准构件库系统管理体系

3.2.2　基坑围护 BIM 模型设计标准

1）基坑 BIM 模型设计原则

（1）基坑 BIM 模型设计前应编制详细的工作计划，明确责任人、建模内容、建模深度、交付标准等信息。

（2）基坑 BIM 模型设计前应明确该模型的建模深度，按需适度建模，使模型达到合理的使用性能，同时合理控制建模的成本。

（3）基坑 BIM 模型应包含且不限于以下内容：地表（含红线）、环境、地层、挡土结构、止水体系、支撑体系等内容，基坑围护结构 BIM 模型可以只包含围护结构，不包含地层及环境等信息。

（4）基坑 BIM 模型应按照符合工程要求的有序规则进行，成为后续应用的有效数据资源，为设计、施工、监测等各个环节发挥应有的价值。

2）基坑围护BIM模型设计阶段及深度标准

基坑BIM建模按照用途及设计阶段，可分为方案设计阶段（含安评阶段）和施工图设计阶段；特殊项目可增加概念设计阶段或其他必要的设计阶段。

基坑BIM模型深度等级宜按阶段分为一级、二级、三级。一级阶段仅需表现基坑的基本形状及规模，初步的围护选型等。二级阶段应表现围护形式，构件的主要尺寸、类型、规格以及其他关键参数和属性等。三级阶段应表现基坑围护结构的详细参数，必要的细部参数和内部组成，构件应包含在后续阶段（如出图、工程量统计、材料统计等）需要使用的详细信息，包括：构件的规格类型参数、配筋、主要技术指标、主要性能及技术要求等。

基坑概念设计阶段，模型宜达到一级或者二级的深度等级；方案设计阶段宜达到二级的深度等级；施工图阶段应达到三级的深度等级。

3）基坑围护结构BIM模型交付标准

基坑BIM模型交付物宜按照方案（含安评）阶段和施工图阶段的不同而不同。基坑方案设计阶段，BIM模型交付物应包括：带有必要信息的模型、可视化文件、典型平剖面、必要的工况模拟、工作量表。基坑施工图设计阶段，BIM模型交付物应包括：细致的设计模型、专业的二维平面图、剖面图及详图、必要的工况图、工作量统计表。

3.2.3　基坑围护信息模型建模

1）基坑BIM模型分类

基坑BIM模型可分为物理模型及分析模型，物理模型指现实真实状态的模型（图3.2-3）。分析模型指抽象后进行专项分析的模型（图3.2-4）。

图3.2-3　基坑支撑结构BIM物理模型

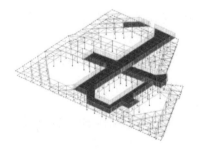

图3.2-4　基坑支撑结构BIM分析模型

2）基坑 BIM 建模基本流程

基坑 BIM 建模，遵循的主要步骤如下：①创建基坑族文件；②建立项目文件，导入相关族文件（族类别）；③根据构件的参数不同，建立不同族的类型（族类型）；④在相关位置布置构件（族实例）。

具体流程可参见图 3.2-5。

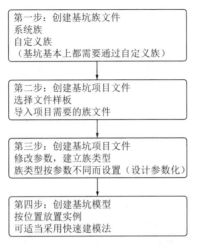

图 3.2-5　基坑 BIM 建模流程图

上述流程中，第一步是创建族文件。族文件主要分为系统族及自定义族，系统族是各类软件内置的族文件，比如：建筑中常用的结构柱、结构梁、剪力墙等。目前市场上常用的软件基本上都分为建筑、结构、机电等模块，还未见专门的岩土 BIM 模块，更没有基坑模块，所以基坑模型所需的族文件，基本上都需要自行创建。

第二步是创建项目文件，项目文件一般需要以一个模板来创建，模板中已经设置好常用的、符合各国以及各地区制图标准的文件，基坑项目模板可选用我国的结构样板文件进行创建，创建后按照需要导入族文件，可以按照建模的过程逐步逐项导入。上述第一步及第二步均为准备工作。

第三步是创建不同的族类型。关于族类别及族类型的理解，简要举例说明如下：双轴搅拌桩可以是一个常用的基坑族类别，不同的桩长就代表不同的族类型。也就是说，族类别是以构件性质为基础，对模型进行归类的一族图元，而族类型则用于表示同一族不同的参数值。

第四步是在不同的位置放置实例，放置的方法可以逐个放置，即为单构件法，也可以采用其他途径快速建模，如基于三维建模系统二次开发的快速建模方法、复合断面法和翻模法等。

3）基坑围护辅助建模系统

面向岩土工程设计专业，基于 Revit 二次开发形成了 GEOTBSBIM©专业软件，用于快速创建基坑围护 BIM 模型，并基于 BIM 模型生成基坑设计图纸，深化 BIM 模型应用。软件主要包括五大功能模块，功能界面如图 3.2-6 所示，具体功能如下：

（1）工程设置，支持基坑围护设计相关信息的一键修改和设置。

（2）辅助建模，根据模型空间位置以及参数化构件快速建立 BIM 模型，包括围护结构、支撑结构、立柱结构以及降水井。

（3）辅助出图，搭建基于 BIM 的基坑围护辅助设计系统，实现基坑围护工程的快速出图，包括设计总说明、设计说明、图纸目录、尺寸标注、剖面符号以及 CAD 导出。

（4）专题出图，支持基于 BIM 模型或读取计算书的参数化修改剖面图族模型，包括钻孔灌注桩剖面和地下连续墙剖面等，支持参数化修改详图族模型。

（5）辅助应用，实现基于 BIM 模型的工程量统计、资源管理以及模型展示等应用。

图 3.2-6　GEOTBSBIM 设计版功能界面

具体功能介绍如下：

（1）围护结构模型创建

首先创建三轴搅拌桩、钻孔灌注桩等族模型，基于基坑边线，也可以同时选择多条基坑边线，然后一键创建基坑围护结构模型，生成的围护结构模型如图 3.2-7 所示。

图 3.2-7　围护结构模型

（2）支撑结构模型创建

支撑族模型属于受力构件模型，首先创建基坑支撑族，然后将计算支撑轴线图直接导入 Revit 中，并以此为底图一键创建支撑模型，创建的支撑结构模型如图 3.2-8 所示。

图 3.2-8　支撑结构模型

此外，基于 CAD 底图以及 Revit 模型线快速创建支撑腋角，如图 3.2-9 所示。

图 3.2-9　创建支撑腋角

（3）尺寸标注

项目中标注一般比较多，特别是支撑的标注，所以标注起来比较烦琐。本软件实现了基于某一条线段的快速标注，通过选择需要标注的线段以及与其相交的线段，直接生成尺寸标注，如图 3.2-10 所示。

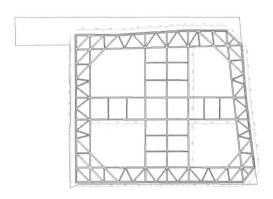

图 3.2-10　尺寸标注

（4）剖面符号

在基坑围护平面图中有多个剖面符号，剖面符号由两条多段线以及数字组成，绘制剖面符号相对比较复杂。本软件实现了通过点击剖面符号的两点快速生成剖面符号，并且剖面的数字是可以设置的，节约了绘制剖面符号的时间，如图 3.2-11 所示。

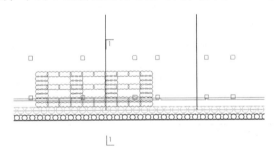

图 3.2-11　快速生成的剖面符号

（5）CAD 导出

现阶段的投标、施工图以及图纸审查都需要 CAD 文件，所以需要基于 Revit 中的设计图纸导出 CAD 文件。软件实现了基于 Revit 模型，按照设定好的参数一键导出 CAD 文件。在导出 CAD 文件的同时，图纸的名称也会同步修改。

（6）CAD 一键修改

鉴于 Revit 和 CAD 的兼容性尚待改进，基于 Revit 模型导出后，CAD 的字体样式以及线条样式与实际设计中的 CAD 文件并不一致，通过二次开发实现了导出后 CAD 文件的字体样式以及线条样式的一键修改。

（7）基于 BIM 模型生成剖面图

选择与项目相对应的剖面族模型，然后获取围护的参数，围护的参数会显示在对话框中。选择"模型参数"中相应的基坑围护类型，然后在模型中剖面的位置进行剖切，以获取项目围护的参数。点击围护剖面修改，则剖面族模型同步修改，实现剖面图族的参数化修改。

（8）工程量统计

在项目的各个阶段均需要进行工程量的统计（图 3.2-12）。基于创建的基坑围护 BIM 模型，可以实现一键导出工程量。基于三维模型导出的工程量更加准确，更具有说服力。

某项目围护工程量概算清单											
概况	基坑总面积约11000m²，总周长约450m，地下2层，基坑挖深暂估约10.7m										
序号	内容	截面	面积		桩长		数量		工程量		备注	单价	总价（万）
1	三轴桩1	Φ850@1800	1.50	m²	18	m	210	根	5670.0	m³	水泥掺量20%	260	147.42
2	三轴桩2	Φ850@1200	1.05	m²	18	m	230	根	4347.0	m³	水泥掺量20%	260	113.02
3	三轴桩1	Φ850@1800	1.50	m²	16	m	300	根	7200.0	m³	水泥掺量15%	220	158.40
4	灌注桩1	Φ900	0.64	m²	23	m	170	根	2502.4	m³	水下c30	1500	375.36
5	灌注桩2	Φ1000	0.79	m²	24	m	223	根	4201.3	m³	水下c30	1500	630.20
6	圈梁1-1	1200X800	0.96	m²	455	m			436.8	m³	c35	1300	56.78
7	支撑1-1	900X800	0.72	m²	2100	m			1512.0	m³	c35	1300	196.56
8	支撑1-2	700X800	0.56	m²	600	m			336.0	m³	c35	1300	43.68
9	圈梁2-1	1300X900	1.17	m²	450	m			526.5	m³	c35	1300	68.45
10	支撑2-1	1000X900	0.90	m²	1500	m			1350.0	m³	c35	1300	175.50
11	支撑2-2	700X900	0.63	m²	650	m			409.5	m³	c35	1300	53.24
12	栈桥	300厚	3700.00	m²	0.3	m			1110.0	m³	c35	1300	144.30
13	立柱桩	Φ700	0.38	m²	23	m	26	根	8.8	m³	水下c30	1200	27.60
14	立柱桩	Φ700	0.38	m²	30	m	128	根	11.5	m³	水下c30	1200	177.25
15	格构柱	L140x14	150.00	kg/m	13	m	26	根	50.7	t	采购	5000	25.35
16	格构柱	L160x14	180.00	kg/m	13	m	128	根	299.5	t	采购	5000	149.76
17	型钢换撑	H400x400	180.00	kg/m	9	m	40	根	64.8	t	采购	5000	32.40
18	两轴坑内加固	Φ700@1000	0.71	m²	8.1	m	360	根	2070.4	m³	水泥掺量8~13%	160	33.13
19	三轴坑内加固	Φ850@1800	1500.00	m²	13.1	m	1	根	19650.0	m³	水泥掺量10~20	220	432.30
20	降水	深井							55.0	口		15000	82.50
21	支撑拆除								5244.0	m³	静力切割	700	367.08
22	坑内加固（坑内地库集水井、贴边深坑处理）										暂估		300.00
23	换撑、牛腿、埋件等										暂估		150.00
24	小计												3940.27
1	土方								117700.0	m³		80	941.60
2	小计												941.60
3	总计												4881.87

说明：1、上述单价仅供参考，费用不包括利润和税金；
2、上述费用不含地下一层连通道围护费用。

图 3.2-12　工程量的统计

3.2.4　应用案例：大统路基地基坑围护设计工程

1）工程概况

本项目位于上海市静安区，共和新路以东、规划曲阜路以南、乌镇路以西、光复路以北，分为东西两个地块，西地块为住宅，由 3 栋 14～22 层高层和 3 栋 4 层住宅组成；东地块为商业用地，拟建 1 栋 14 层办公楼及沿街商铺。东西两地块均设置 2 层地下室，采用桩基础。西地块基坑面积 12696m²，围护周长约 600m，挖深 9.4m；东地块基坑面积约 6555m²，围护周长约 315m，挖深 9.5m。

本项目西地块北侧距离轨道交通 12 号线区间隧道最近处仅 13.7m；南侧则紧邻历史保护建筑（上海第一服装厂），与苏州河也仅仅隔了光复路；西侧邻近南北高架；东地块距离 DN300 雨水管最近距离仅 4.3m，距离 DN100 配水管线最近约 8.8m。两地块之间为大统路，路宽约 10.4m，南侧至新闸路桥（跨吴淞江）引桥区域路宽约 21m，道路距西地块最近约 5.5m，距东地块最近约 6m；大统路下存在大量市政管线，其中配水管线距两地块基坑均不足 10m。基坑位置如图 3.2-13 所示。

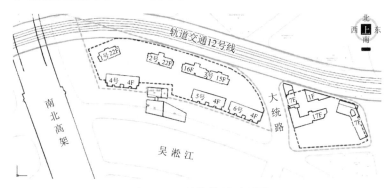

图 3.2-13 基坑位置示意图

东西地块基坑安全等级均为二级；基坑北侧在地铁 12 号线 50m 保护范围内，西地块南侧靠近历史保护建筑区域，环境保护等级为一级，其余区域环境保护等级为二级。东西地块作为两个独立基坑分别顺作施工。其中西地块分为 A1、A2、B1、B2 四个区，东地块分为 C1、C2 两个区，总体分三阶段实施。基坑采用 800mm 厚的地下连续墙进行围护（两墙合一），坑内分隔墙采用 600mm 厚地下连续墙。地下连续墙两侧采用 ϕ850mm 三轴水泥搅拌桩槽壁加固。坑内沿竖向均设置 2 道钢筋混凝土支撑，整体以十字正交布置。北侧近地铁及南侧靠近历史保护建筑区域，采用 8m 宽的三轴水泥搅拌桩裙边加固，其余区域设置暗墩加固。基坑分区图如图 3.2-14 所示。

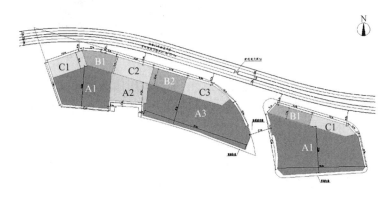

图 3.2-14 基坑分区图

2）应用目标

本项目集成了三维地层快速建模技术、地下管线快速建模技术、基坑围护结构出图技术和监测信息模型技术，并采用虚拟建造技术以及 WebGL 等一系列关键技术，建立了标准化、专业化的岩土工程专业信息模型，实现了基于 BIM 模型的正向设计、施工进度模拟以及工程量预估，并与建筑结构其他专业 BIM 模型的信息协同和共享，为工程建筑全生命周期的信息管理和应用提供可靠而直观的岩土工程信息服务。

3）应用成果

（1）基于参数化构件快速创建三维信息模型

本项目首先创建了适用于基坑围护正向设计的样板文件，并以此为基础建立模型，实现了基于 CAD 线段快速生成水平支撑。通过选择基坑边线以及三轴搅拌桩或钻孔灌注桩的参数化建模，快速生成围护结构，如图 3.2-15～图 3.2-17 所示。

图 3.2-15　快速生成的水平支撑

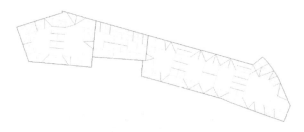

图 3.2-16　快速生成的支撑轴线

图 3.2-17　快速生成的三轴搅拌桩

本项目中标注比较多，而且大多数是斜线的标注，所以标注起来比较烦琐。本项目中实现了基于某一条线段的快速标注，通过选择需要标注的线段以及与其相交的线段，直接生成标注，如图 3.2-18 所示。

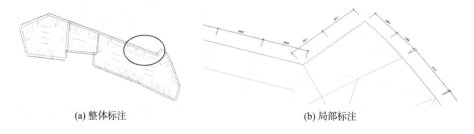

(a) 整体标注　　　　　　　　　　　　　(b) 局部标注

图 3.2-18　快速生成的标注

（2）基于 BIM 模型快速生成剖面图

本项目基坑围护工程剖面图主要有钢支撑（含局部深坑）剖面、钢筋混凝土支撑（含局部深坑）剖面等，根据剖面图类型分别建立好剖面图族模型，模型中水平支撑的位置、地层厚度、加固体的深度等信息都是参数化的。同时，在 Revit 平台中绘制好基坑围护模型和地质模型，将基坑围护模型和地质模型整合在一起，生成一个新的模型。在模型的剖切位置处绘制模型线，由线生成狭长的平面，再由平面生成立方体。剖切位置和剖面图族模型是相对应的，一个剖面图族模型是一类剖面图样式，所以对于同一类的剖面图，可以使用同一个剖面图族模型。最后打开与剖面位置相对应的剖面图族模型并设置为当前选择的项目，并将数据赋值给相应的剖面图族模型，完成对剖面图族模型的修改。剖面图族的界面如图 3.2-19 所示，导出的剖面图结果如图 3.2-20 所示。

当设计发生变更时，传统的方法需要手动去修改平面图、剖面图等。而采用基于 BIM 模型的快速出图技术只需要修改模型参数，就可以实现剖面图的修改，设计效率显著提高。

图 3.2-19　剖面图族参数

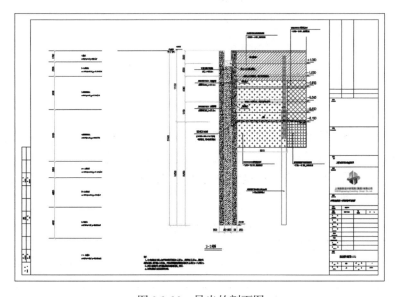

图 3.2-20　导出的剖面图

（3）基于 BIM 模型快速生成平面图

首先创建适用于本项目的图框，并载入到项目中。然后基于已经创建的 BIM 模型，在支撑平面视图中对 BIM 模型添加标注以及注释，并隐藏其他构件，生成支撑平面图，将支撑平面图直接导入到图框中（图 3.2-21）。最后，将支撑平面图导出为 CAD 文件（图 3.2-22）。本项目中涉及的 CAD 文件比较多，在软件中实现了 Revit 中的图纸批量导出为 CAD 文件。

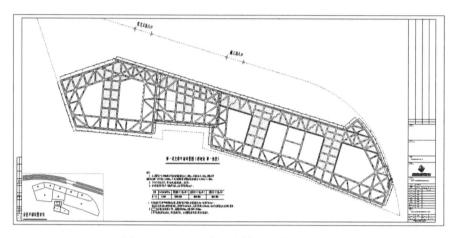

图 3.2-21　Revit 中生成第一道支撑平面图

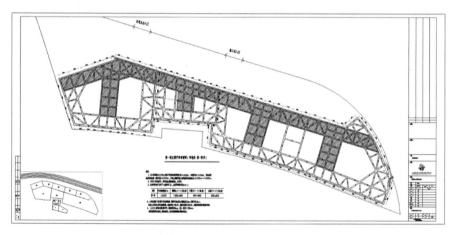

图 3.2-22　导出的第一道支撑平面图

（4）工程量预估

本项目中为了满足模型算量需要，将模型构件最小单元化，并根据不同的族类型配置了不同的算量属性，可以根据不同构件导出算量清单。以三轴搅拌桩构件为例，基于三维信息模型，在 Revit 平台上完成工程量计算分析，快速输出计算结果，在 Excel 中进行工程量统计，如表 3.2-2 所示。

三轴搅拌桩算量总计表　　　　　　　　　　　表 3.2-2

类型	水泥掺量	桩深度/m	截面积/m²	构件算量体积/m³	数量	总体积/m³
φ650@900	0.2	15.0	0.599	8.99	540	4851.90
φ650@1300	0.2	15.0	0.866	12.99	971	12613.29

续表

类型	水泥掺量	桩深度/m	截面积/m²	构件算量体积/m³	数量	总体积/m³
φ650@1300	0.2	16.0	0.866	13.86	111	1538.02
φ850@1200	0.2	16.4	1.05	17.22	72	1239.84
φ850@1200	0.2	18.0	1.05	18.90	47	888.30
φ850@1200	0.2	27.4	1.05	28.77	411	11824.47
φ850@1800	0.2	27.4	1.495	40.96	283	11592.53
合计					2435	44548.35

4）应用价值

结合本项目施工流程复杂、周边环境复杂等施工特点，综合应用 BIM 技术，实现 BIM 技术实施与基坑设计同步进行，BIM 实施成果在方案评审中进行应用，让评审专家更加直观地了解本项目；BIM 模型搭建过程中，实现了对部分设计图纸标注错误的校正，提高图纸准确率；采用算量族构建基坑工程模型，采用 Revit 明细表及基于 Revit 二次开发的算量软件，实现对基坑工程的快速算量；对部分关键工况制作高质量视频动画，让项目参与人员对关键工况的施工流程有更深刻的理解。

3.3　数字化评估与仿真分析

3.3.1　技术背景

基坑工程引起的周边环境变形影响一直是岩土工程的难点、重点问题，对此，有很多理论算法、经验算法和数值计算方法。随着基坑自身形式和周边条件日趋复杂，例如深大基坑邻近重要地铁或重要建筑等复杂情况，采用常规基坑设计软件进行分析已经无法完全满足工程需要。以弹塑性有限单元法为代表的数值计算方法为目前基坑、地铁、邻近建筑物共同分析提供了一个新的有效的途径。这种方法将现代计算机技术引入传统的岩土工程分析过程，适宜解决较复杂的岩土工程问题，尤其适合模拟较复杂的基坑土体全过程开挖过程，从而计算得到地铁隧道、围护结构和土体在基坑开挖和支护各工况受力和变形结果。

常见用于基坑、隧道结构变形分析的有限元计算软件包括专业性软件 PLAXIS，Z_SOIL，通用大型商业软件 ANSYS，ABAQUS、ADINA 等，这些分析软件各有所长，可供基坑工程设计或分析人员结合工程特点选用。但是，根据目前这些软件在设计院的应用情况来看，普遍存在以下局限性：

（1）技术依赖性强

借助传统的数值分析软件在进行某项基坑工程的变形分析时，首先需要结合工程条件建立数值计算模型，这一环节包含单元划分、创建边界条件、设置工况等复杂工序。当基坑内外部条件复杂，如基坑形状不规则、紧靠多条隧道或建筑物、结构和土体空间关系复杂时，一般的工程设计人员很难快速、熟练及准确地划分网格和建立计算模型。因此，传统数值分析方法必须依赖具有长期数值分析建模经验的技术人员，对于工程设计人员门槛很高，先进的数值分析方法并不能有效地辅助基坑围护设计。

（2）分析效率低

即使对于具有一定数值模拟经验的基坑变形分析人员，利用传统方法计算某个地铁周边复杂基坑变形，获得合理结果，依然是非常复杂、麻烦、耗时的过程。根据统计，在整个分析计算过程中，最重要的优化参数和结果评价环节仅仅占20%的人工分析时间，而分析人员的精力都集中至对结果不太重要的建模及网格划分上，其人工时间占用率高达60%，并且期间要应对各种细节上高频率的错误事件，不断调试以达到计算收敛。如此，优化计算参数，合理分析评价这一核心过程时间相对压缩，以至于数值计算结果粗糙，难以与实际情况吻合。

（3）参数分析能力弱

大量的基坑数值计算案例表明，计算参数的优化过程对基坑变形计算非常重要，尤其对于敏感性较高的材料本构参数，更加需要谨慎选择。为了达到合理的计算效果，通常做法是进行一定的调参试算，即通过一定数量或者相似案例的基坑变形计算结果与实测资料的对比，反演分析得到合理的参数范围。这就要求分析软件能够快捷修改参数进行计算，并且快速查看某些控制量（围护变形、地表沉降、隧道位移等）的计算结果。这对于传统有限元数值分析软件是无法快捷实现的。此外，对于如围护埋深、内支撑间距、分步挖土深度、基坑形状或尺寸等影响网格划分的模型参数，调整参数等同于重新建模，过多的工作量导致传统的数值分析软件参数化分析能力不足。

基于以上问题，利用ABAQUS强大的非线性计算能力和丰富的二次编程能力，开发了基于 ABAQUS 的基坑工程与隧道结构相互影响的参数化分析软件，用于复杂地下工程的数值模拟，如工况与周边环境复杂的基坑工程（图3.3-1），具有一定的开拓性和实用性。

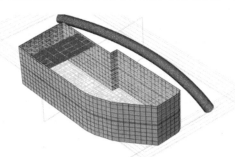

图3.3-1　形状复杂的基坑模型

3.3.2　建模分析方法

本平台基于有限元数值模拟技术，专项开发了参数化分析技术软件，实现周边工程活动对运营轨道交通地下结构的影响快速分析计算。为了满足众多工程对轨道交通安全评估的需求，软件集中开发较为全面的隧道参数化建模功能，包括二维和三维两种情况。用户可以在界面选择是否在计算中考虑周边的隧道，并确定需要计算评估的隧道数量，可支持多至四边两条共八条区间隧道的数值仿真分析。

有限元参数化分析计算软件基于 ABAQUS 进行二次开发，系统包括平面计算处理模块、三维计算处理模块、接口模块和参数或工具模块，其中平面计算处理模块（图3.3-2）和三维计算处理模块（图3.3-3）分别与 ABAQUS 系统构成连接，接口模块和参数或工具模块分别与平面计算处理模块和三维计算处理模块构成数据连接。

图 3.3-2　平面计算处理模块计算流程图

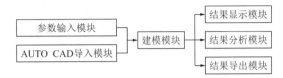

图 3.3-3　三维计算处理模块计算流程图

基于通用有限元软件和常用数值分析方法，利用 Python 语言二次开发，实现二维平面应变模型、三维空间模型的参数化建模，开发与基础查询模块的数据交互应用、快速后处理等功能。程序的基本流程见图 3.3-4。

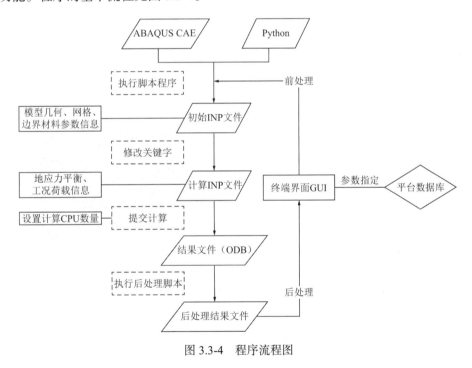

图 3.3-4　程序流程图

有限元快速分析系统基于 ABAQUS CAE 内部几何定义、组件转配和网格划分的基本方法，利用 Python 语言编写控制脚本程序，利用在前台界面用户输入或者专家系统数据库传递的计算参数形成过程化语句，控制形成包含几何、网格、边界、材料参数等基本信息的计算模型，以 ABAQUS 模型文件（CAE）和输入文件（INP）两种计算文件为载体。通过程序化自动生成包含地应力平衡或工况荷载的关键字，形成最终计算输入文件（INP）。软件采用 ABAQUS STANDARD 有限元基础求解器，完成计算文件的生成后，在界面层选择本地计算机参与分析进程的 CPU 数量，并提交计算。当有限元计算结束后，ABAQUS 随即生成包含全部单元节点应力应变计算结果文件（ODB），利用程序开发的后处理脚本程序，将大量计算结果信息按需提取，形成以积分后位移、内力为主的云图、曲线，并显示在终端界面上。

3.3.3 功能架构及关键技术

有限元快速分析系统是为了弥补目前基坑变形数值分析软件在辅助基坑设计、环境安全评估、监测结果分析、风险预测等领域应用时，门槛高、效率低以及参数分析能力弱等不足，满足高级岩土分析需求，自动快速生成计算成果图表，成为平台提供轨道交通周边基坑环境影响专项咨询和风险控制的有力工具。

经过多年的研发，现在该系统已经推出 V2.0 版本，实现了二维和三维任意形状基坑的快速建模计算分析功能，并经过大量相关专业人员的试用，系统运行稳定，满足设计、分析、评估等专业人员对于基坑计算软件的需求。

1）系统功能架构

平台技术支撑基坑分析程序——"基坑开挖环境影响快速评估系统"整合了目前在基坑分析中主要采用的平面应变模拟方法和空间三维仿真模拟方法，并新增了与平台的数据交互功能，以及与有限元专业平台 ABAQUS 交互使用功能，根据这些功能特点，该程序主要由平面应变（2D）模块、空间三维（3D）模块、接口模块和参数或工具模块四大功能模块构成（图 3.3-5）。

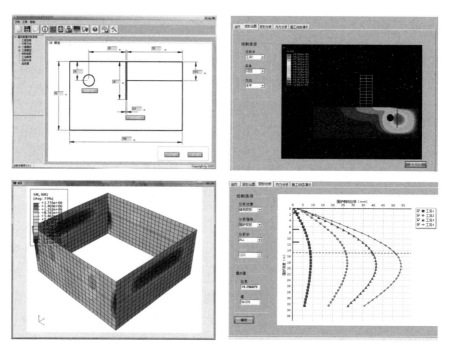

图 3.3-5 基坑开挖环境影响快速评估系统功能界面

2）系统关键技术

（1）建模参数化和自动化

有限元数值分析的第一步就是根据已知资料建立正确的计算模型。计算模型的好坏直接影响计算结果的准确性。为解决这一问题，本软件针对各种基坑周边环境条件，开发了参数化、自动化建模功能，消除一般工程分析人员利用 ABAQUS 计算分析基坑在建模过程中的障碍，将正确建模的过程变得可以复制。

①基坑本体模型参数化

完整的基坑本体模型包含的信息包括开挖范围、围护结构、水平内支撑。基坑开挖范围由边界尺寸和开挖深度决定。围护结构定义参数包含围护结构的插入深度、等效计算厚度，围护结构材料参数（弹性模量和泊松比）。而水平内支撑的定义则需要定义水平内支撑的深度、间距或者计算刚度。

②隧道模型参数化

城市地铁的日趋密集增加了基坑环境的复杂性，隧道区间或者地下车站往往是邻近基坑工程环境安全重点评估的对象。为了满足众多工程对地铁安全评估的需求，本软件集中开发了较为全面的隧道参数化建模功能，包括二维和三维两种情况。用户可以在界面选择是否在计算中考虑周边的隧道，并确定需要计算评估的隧道数量和相关参数（图 3.3-6）。

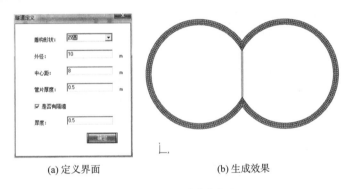

(a) 定义界面　　　　　　　　(b) 生成效果

图 3.3-6　双圆隧道定义

③坑边建筑物模型参数化

基坑二维平面应变分析方法简单灵活，在基坑设计计算过程中常常被用于快速分析评估环境影响。为了拓展二维分析功能，本软件利用 Embedded 约束方法，增加了在整体模型中添加基坑周边建筑物结构模型的功能。软件默认用户评估的建筑物为基本的框架结构，由一般的柱墙、梁板、桩基础组成，全部组件都用梁单元模拟，单元间采用刚性连接，而桩基础与土体连接方式采用 Embedded 约束。

④工况荷载设置自动化

基于 ABAQUS 有限元平台进行基坑分析，除了几何定义、网格划分、材料定义，工况荷载的定义是不可缺少的环节，其中包括模型地应力的施加、开挖荷载的定义（挖土工序和分步支撑）以及基坑外围地表的施工荷载。程序根据简单的图表定义，自动将上述信息在 ABAQUS 生成的计算输入文件 INP 中添加特殊的关键字，以实现地应力平衡、土层分步开挖、支撑分步激活等功能。

（2）后处理分析自动化

ABAQUS 有限元计算结束后，大量的单元或者节点的计算结果保存在结果文件 ODB 中。对于基坑工程，ABAQUS 自身的后处理功能很难快速直观地显示用户所需的计算结果，用户需要进行大量的操作，或者数据提取才能得出结果。对于不熟悉 ABAQUS 的工程技术人员，结果文件更是难以分析。为了解决效率问题，本软件进行了大量的后处理二次开发，将基坑有限元分析后处理过程简单化、过程化、自动化，本软件在计算分析界面提供了直接启动结果文件的功能，方便用户直接调用 ABAQUS 的后处理功能，如图 3.3-7 所示。

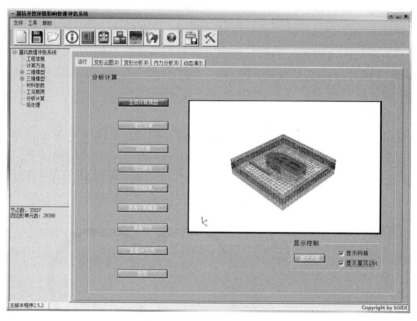

图 3.3-7　后处理分析界面

总体来说，基坑有限元计算结果的后处理主要包括位移变形和内力分析两部分内容，其分析功能具备云图显示、曲线生成、最值统计三种结果表现方式，分析对象包括土体、围护结构、隧道以及建筑物，所有结果都按照土体开挖的每一步工况输出。

3.3.4　应用案例一：邻近基坑施工对轨道交通 13 号线影响评估

（1）工程概况

项目邻近上海市轨道交通 13 号线大渡河路车站及附近区间隧道。项目包括 1 号综合实验楼（16 层，高 75.2m）、2 号考试楼（6 层，29.0m）、3 号承压楼（4 层，19.0m），整体设地下 1 层；另外 4 号机电楼（3 层，18.0m）无地下室。项目基坑开挖面积约 8815m²，挖深 5.25m，西北角局部开挖深度 5.85m，其与地铁平行方向约 100m。

本工程北侧为金沙江路，金沙江路下有在建轨道交通 13 号线大渡河车站及大渡河站—真北路站双线单圆盾构区间。综合实验楼（16 层）、考试楼（3~6 层）上部建筑外边线与车站主体结构外边线最小净距分别为约 34.0m、33.5m，综合实验楼与区间隧道结构外边线最小净距约 35m，机电楼与承压楼位于地铁保护区外。项目地下室外边线与车站主体结构外边线最小净距约 25.76m，与区间隧道结构外边线最小净距约 35m。工程与轨道交通 13 号线的位置关系如图 3.3-8 所示。

围护结构采用三轴φ850mm 型钢水泥土搅拌桩，基坑北侧近地铁侧搅拌桩内插型钢采用密插形式，其余侧采用"插二跳一"形式；地铁侧搅拌桩桩长 12.7~14.7m，插入深度约 8.8~9.6m，型钢桩长约 13.50~15.5m。

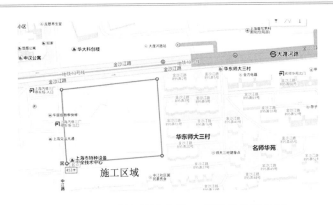

图 3.3-8 工程与轨道交通 13 号线的位置关系

（2）数值计算模型

基坑垂直于隧道方向跨度为 88m，13 号线区间隧道埋深取 12m，双隧道水平间距为 10.8m，土体本构模型采用摩尔-库仑模型，土层从上到下依次如图 3.3-9 所示。模型取基坑宽度的 1/2，建立与隧道沉降监测点对应的计算模型如图 3.3-9 所示。

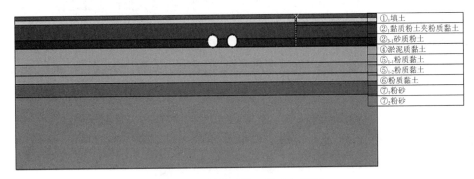

图 3.3-9 数值计算二维几何模型

（3）计算结果及实测对比

基坑开挖完成之后土体沉降变形云图如图 3.3-10 所示，基坑底部有所回弹，基坑外侧则是整体下沉的趋势，基坑围护外侧由于施加荷载，变形较大。隧道整体都在下沉区域内部。

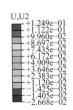

图 3.3-10 土体沉降变形云图

图 3.3-11、图 3.3-12 分别展示不同施工阶段的基坑外侧地表沉降曲线以及基坑底部的回弹曲线。

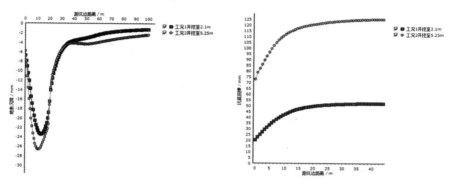

图 3.3-11　地表沉降曲线　　　　　图 3.3-12　坑底回弹曲线

基坑施工对 13 号线两条隧道区间的影响，由云图计算结果可知，大渡河站—真北路站隧道沉降变形云图（图 3.3-13）中，下行线区间隧道沉降最大值位于隧道道床位置处，最大变形为 4.5mm，上行线区间隧道沉降最大值为 4.3mm，对比大渡河站—真北路站下行线区间监测数据（图 3.3-14、图 3.3-15）可知，下行线区间最大沉降发生的位置位于监测点 XCJ 05，沉降值为 4.53mm。上行线区间最大沉降发生的位置位于监测点 SCJ 05，沉降值为 4.2mm。计算结果与监测数据的误差在可接受范围内。

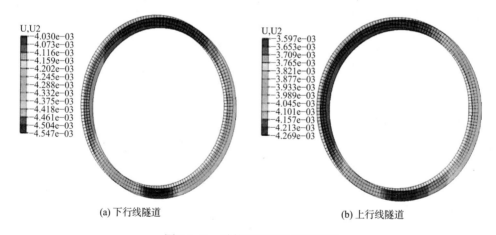

(a) 下行线隧道　　　　　　　　(b) 上行线隧道

图 3.3-13　计算隧道沉降变形云图

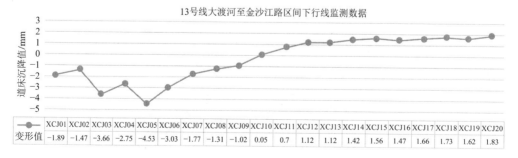

图 3.3-14　下行线实测数据曲线

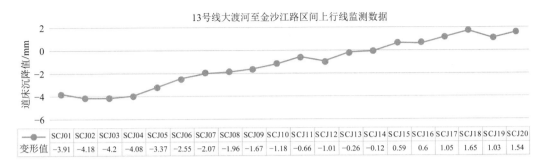

13号线大渡河至金沙江路区间上行线监测数据

	SCJ01	SCJ02	SCJ03	SCJ04	SCJ05	SCJ06	SCJ07	SCJ08	SCJ09	SCJ10	SCJ11	SCJ12	SCJ13	SCJ14	SCJ15	SCJ16	SCJ17	SCJ18	SCJ19	SCJ20
变形值	-3.91	-4.18	-4.2	-4.08	-3.37	-2.55	-2.07	-1.96	-1.67	-1.18	-0.66	-1.01	-0.26	-0.12	0.59	0.6	1.05	1.65	1.03	1.54

图 3.3-15　上行线实测数据曲线

3.3.5　应用案例二：上海提篮桥地块基坑开挖对地铁影响三维仿真快速分析

1）工程概况

虹口区提篮桥街道 66 街坊综合开发项目位于上海市虹口区，项目场地为东长治路、旅顺路、西安路、商丘路合围地块。该项目建设规划用地面积 13372.8m²，建筑面积约 9.62 万 m²，其中地上建筑面积 5.35 万 m²，地下建筑面积约 4.27 万 m²。主要由 2 幢 18 层办公楼、2 层裙房及 4 层地下车库等组成。

本工程地下 4 层，基坑开挖深度为 19.8～20.3m，基坑开挖面积为 11035m²，基坑安全等级为一级，环境保护等级一级，基坑支护的设计使用年限 2 年。基坑开挖区域分为 A、B 两个区域，首先对 A 区进行开挖，然后对 B 区进行开挖。基坑采用顺作法分区施工，围护体采用地下连续墙。A 区支撑体系采用四道混凝土支撑，立柱桩采用φ900 灌注桩，立柱桩桩长 30m，支撑体系的平面和断面布置图见图 3.3-16、图 3.3-17。立柱采用 500×500（mm）角钢格构柱，格构柱型号为 4L160×16。

2）应用成果

模型建立、计算及提交后处理（图 3.3-18、图 3.3-19）

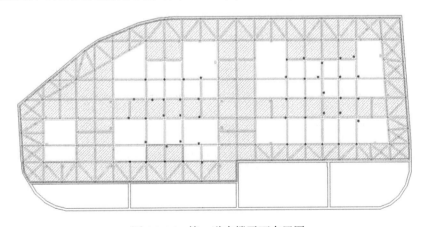

图 3.3-16　第一道支撑平面布置图

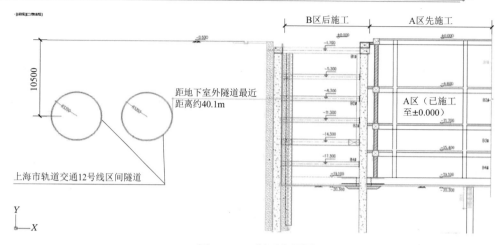

图 3.3-17　断面布置图

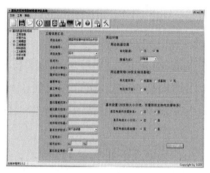

(a) 步骤一：填写基本信息

(b) 步骤二：选择计算方法

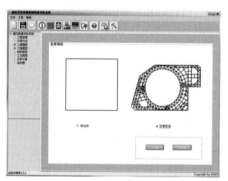

(c) 步骤三：定义计算基坑边界形状

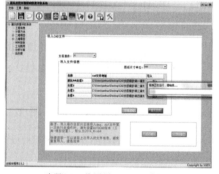

(d) 步骤四：分层导入 CAD 支撑图纸

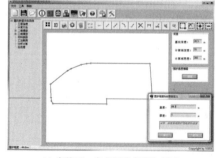

(e) 步骤五：定义围护高度与厚度

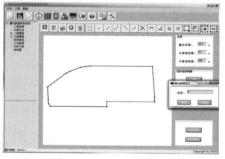

(f) 步骤六：定义分析断面

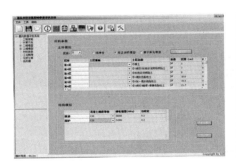 

(g) 步骤七：土体本构模型与材料参数　　　　　(h) 步骤八：定义工况荷载

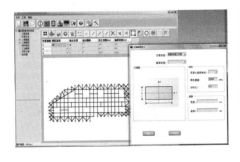 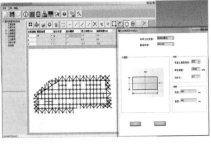

(i) 步骤九：定义基坑支撑断面形式　　　　　(j) 步骤十：定义立柱截面形式

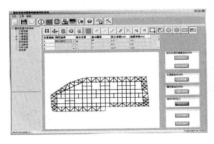 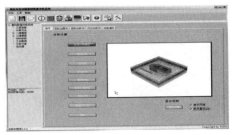

(k) 步骤十一：定义栈桥位置以及计算参数　　　　　(l) 步骤十二：生成计算模型

(m) 步骤十三：提交计算　　　　　(n) 步骤十四：提交后处理

图 3.3-18　计算流程示意图

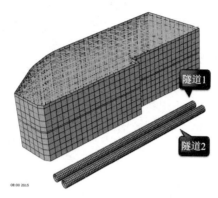

图 3.3-19　基坑结构及隧道空间位置关系

（1）有限元计算结果

①土体变形分析（图 3.3-20）

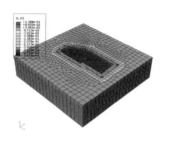
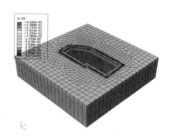

(a) 工况 1（开挖至 1.700m）　　　　　　(b) 工况 2（开挖至 6.700m）

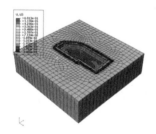

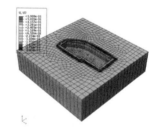

(c) 工况 3（开挖至 11.700m）　　(d) 工况 4（开挖至 16.700m）　　(e) 工况 5（开挖至 20.300m）

图 3.3-20　土体竖向Z方向位移云图

②围护结构变形分析（图 3.3-21）

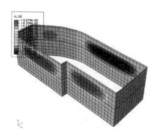
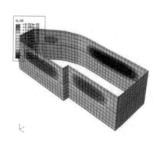

(a) 工况 1（开挖至 1.700m）　　　　　　(b) 工况 2（开挖至 6.700m）

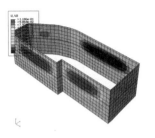
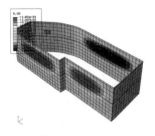
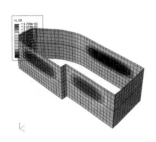

(c) 工况 3（开挖至 11.700m）　　　　(d) 工况 4（开挖至 16.700m）　　　　(e) 工况 5（开挖至 20.300m）

图 3.3-21　围护结构水平 Y 方向变形云图

③开挖对地铁隧道的影响（图 3.3-22）

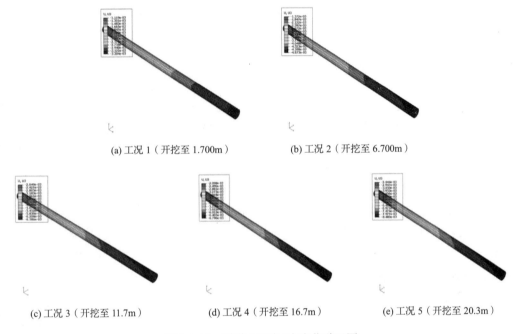

(a) 工况 1（开挖至 1.700m）　　　　　　　(b) 工况 2（开挖至 6.700m）

(c) 工况 3（开挖至 11.7m）　　　　(d) 工况 4（开挖至 16.7m）　　　　(e) 工况 5（开挖至 20.3m）

图 3.3-22　隧道 1 竖向 Z 方向位移云图

（2）有限元计算结论

通过软件对计算模型进行分析之后，软件自动对所有结构的位移与受力进行统计分析，得到如下初步计算结果：

①地表沉降在基坑开挖过程中最大值为 401mm，发生位置距基坑围护 13m；

②围护边 1 侧向变形在基坑开挖过程中最大值为 156mm，其发生深度为 12.2m；

③隧道 1 断面径向收敛位移在开挖过程中最大值为 -0.26mm，距隧道顶逆时针 282.8°；

④隧道 2 断面径向收敛位移在开挖过程中最大值为 -0.26mm，距隧道顶逆时针 282.8°。

具有工程经验的工程师可在上述分析基础上快速调整计算参数，快速获取分析结果，直至计算结果相对合理为止。

第4章

岩土工程监测数字化应用

4.1 概述

4.1.1 岩土工程监测概述

岩土工程具有复杂性和不确定性等特点，相关地下工程（深基坑、隧道等）的建设及运营安全是城市精细化治理和建设韧性城市的重要领域。地下工程的建设与运营过程是重要的城市地下空间风险源。受地质条件、施工质量、周边工程活动、运营时间等综合因素影响，其受力和变形状态十分复杂，安全风险大，一旦发生事故，造成的经济损失和人员伤亡大。例如，2008年杭州地铁车站深基坑坍塌，导致21人死亡，直接经济损失近5000万元；2018年2月7日佛山市轨道交通2号线施工过程中发生涌砂涌泥，导致11人死亡，造成重大社会负面影响；俄罗斯圣彼得堡1号线投入运营后未及时发现和处理结构病害，导致地下水渗入，最终致使隧道内大量涌水涌砂，于1995年停止运营，历时超过8年，花费近1.5亿美元才完成改线修复。

20世纪80年代以来，随着我国城市建设高峰的到来，地下空间的开发力度越来越大，尤其是高层建筑和地下工程得到了迅猛发展，地下室由一层发展到多层，相应的基坑开挖深度也从地表以下10m左右发展到20~30m，个别工程甚至达到40m以上。建筑、轨道交通、越江隧道、综合交通枢纽、地下变电站等建设工程中的基坑工程占了相当的比例。上海地区建筑物如上海中心地下室基坑开挖深度已超过30m，由于存在多线换乘，上海地区新开工线路的轨道交通车站基坑开挖深度往往都超过20m，13号线淮海中路车站的开挖深度达到了33m，苏州河深层排水调蓄工程工作井最深将近60m。随着岩土工程施工经验的不断积累，岩土工程设计、施工技术水平也在不断提高。然而，在施工过程中，由于工程的实际情况往往和设计预期工况存在一定的差异，加上施工的不可预见性、地质条件变异性大、周围环境的错综复杂，设计不能全面、准确地反映工程可能面临的各种变化，地下工程施工所造成的基坑坍塌、建（构）筑物倾斜或开裂、道路沉降、管线爆裂等事故屡有发生，造成了巨大的经济损失，在社会上引发了很严重的负面影响。

随着地下工程在总体数量、规模以及使用领域等方面的高速发展，岩土工程监测也得到广泛的运用。感知测试技术被称为地下工程的"眼睛"，一直以来在岩土工程建设风险管控和运营安全监护方面发挥重要作用。岩土工程的失稳破坏是一个从渐变到突变的发展过程，一般仅依靠个人的直觉是难以发现的，必须依靠埋设精密的监测仪器进行周密监测，因此，在理论的分析指导下有计划地开展现场岩土工程监测就有很大的实际意义。相比岩土工程悠久的历史，岩土工程监测的起步较晚，从 20 世纪 80 年代初开始，经过科技攻关和工程实践经验的积累，岩土工程监测设计和监测方法得到很大的发展，逐渐提出了综合考虑水文地质条件、工程特点和性质、监测空间范围和监测频次等要求的岩土工程监测布置原则和方法。在充分比选了岩土工程监测仪器的使用效果和技术性能后，逐步制定了监测仪器的技术指标、适用条件及标准化的质量控制措施，相继编制了各种建（构）筑物和地下工程的监测规程、规范、指南和手册。

岩土工程监测已成为建设管理部门强制性指令措施，受到业主、监理、设计、施工和相关管线单位高度重视。自 20 世纪 90 年代中后期以来，上海相继颁布实施的上海工程建设规范《基坑工程设计规程》DG/TJ 08—61、《地基基础设计规范》DGJ 08—11、《基坑工程施工监测规程》DG/TJ 08—2001、《城市轨道交通工程施工监测技术规范》DG/TJ 08—2224 等都对现场监测作了具体规定，将其作为基坑工程施工中必不可少的组成部分。而对于地铁、隧道和合流污水工程等大型构筑物安全保护区内的地下工程，相关部门都颁布了有关文件，确定其环境保护的标准和要求。

进入 21 世纪后，岩土工程监测手段的硬件和软件迅速发展，岩土工程监测的领域不断扩大，监测自动化技术和信息平台建设也在不断完善。岩土工程监测作为岩土工程施工过程中必要的手段，是提供设计依据、优化设计方案和可靠度评价不可缺少的手段，也成为施工质量风险控制的重要一环。

近年来，城市发展进入数字化转型的新时代，数字化转型是国家战略和城市战略的需求。随着信息技术飞速发展，5G 通信网络、远程监控技术、智能设备逐渐走入人类的生活，标志着"万物互联"的物联网数字时代到来。《中华人民共和国国民经济和社会发展第十四个五年规划和 2035 年远景目标纲要》指出，要加快数字化发展，加强数字社会、数字政府建设，提升公共服务、社会治理等数字化智能化水平。2021 年，上海市委、市政府公布《关于全面推进上海城市数字化转型的意见》，指出全面推进数字化转型是超大城市治理体系和治理能力现代化的必然要求，应持续深化上海各领域数字化发展的先发优势，从"城市是生命体、有机体"的全局出发，统筹推进城市经济、生活、治理全面数字化转型。

随着通用传感器及感知技术的快速进步，岩土工程测试技术也由传统的人工向自动化发展，同时，部分行业单位探索由单个测项的自动化向感知、传输、处理、挖掘的全过程数字化，融合物联网、Web 及 BIM 技术，搭建多传感器和多源数据融合的系统平台，进一步增强了测试技术对工程安全的支撑作用。

4.1.2　岩土工程监测目的

岩土工程事故往往会带来巨大损失，岩土工程师对岩土工程安全措施进行了广泛深入的研究，为正确地对设计、施工和运行提供成熟的技术方法和准确可靠的依据，控制岩土工程风险，而贯穿在工程设计、施工和运行全过程的岩土工程监测，则是工程安全的重要保证。

以深基坑开挖施工为例，基坑开挖后基坑内外的土体将由原来的静止土压力状态向被动或主动土压力状态转变，应力状态的改变引起围护结构承受侧向荷载，并导致围护结构和土体发生变形，围护结构的内力（围护桩和墙的内力、支撑轴力或土锚拉力等）和变形（深基坑坑内土体的隆起、基坑支护结构及其周围土体的沉降和侧向位移等）中的任一量值超过容许的范围，将造成基坑的失稳破坏，对周围环境造成不利影响。深基坑开挖工程往往在建筑密集的市中心，施工场地四周有建筑物和地下管线，基坑开挖所引起的土体变形将在一定程度上改变这些建筑物和地下管线的正常状态，当土体变形过大时，会造成邻近结构和设施的失效或破坏。同时，基坑相邻的浅基础建筑物又相当于基坑边的集中超载，基坑周围的管线渗漏常引起地表浅层水土的流失，这些因素也是导致土体变形加剧的原因。基坑工程坐落于力学性质相当复杂的地层中，在基坑围护结构设计和变形预估时，一方面，基坑围护体系所承受的水土压力等荷载存在着较大的不确定性；另一方面，设计时对地层和围护结构一般都作了较多的简化和假定，与工程实际有一定的差异；加之基坑开挖与围护结构施工过程中，存在着时间和空间上的延迟过程，以及降雨、地面堆载和挖机撞击等偶然因素的作用，使得在基坑工程设计时，对结构内力计算以及结构和土体变形的预估与工程实际情况有较大的差异，并在相当程度上仍依靠经验。因此，在深基坑施工过程中，只有对基坑支护结构、基坑周围的土体和相邻的建（构）筑物进行全面、系统的监测，才能对基坑工程的安全性和对周围环境的影响程度有全面的了解，以确保工程的顺利进行，在出现异常情况时及时反馈，并采取必要的工程应急措施，甚至调整施工工艺或修改设计参数。

此外，城市轨道交通快速发展，其质量安全工作格外引人注目。黄卫院士指出，发展城市轨道交通要把质量和安全放在特别突出的位置。他认为，目前我国轨道交通的发展规模和速度在全世界都是史无前例的。由于建设规模比较大、建设速度比较快，当前已经出现了一些值得高度重视的问题。如很多城市同时上马城市轨道交通项目，存在建设和运营技术力量不足、高端人才和富有经验的技术骨干缺乏的现象；一些城市轨道交通项目上马后急于交付使用，建设周期太短，很多线路存在边设计、边勘测、边施工的现象，抢工期、抢进度问题比较突出，工程质量和安全隐患不断增加。近年来，有些地方的城市轨道交通在建设过程中发生了质量和安全事故，造成人员伤亡和经济损失。

与工业与民用建筑相比，由于轨道交通工程施工工艺的特殊性、地质条件复杂性，加之城市轨道交通常常从密集城市建筑群中穿越，轨道交通工程施工期不发生任何险情的概率很小。如果为了杜绝风险事件的发生，采取极为保守的设计原则与施工措施，则工程造价极高，不符合我国国情，也是不必要的。工程建设期间实施岩土工程监测，可以通过对监测数据的动态分析预先发现险情，及时向相关方报警，以便采取积极措施，将损失降低到最小限度。

具体而言，岩土工程监测的目的主要包括：

（1）对岩土共力结构体系及周边环境安全进行有效监护

所谓岩土共力结构，是为达到支承、保护、阻隔、加固、修复等功能，在岩土体表面包裹或内部置入，与岩土体共同作用的人工结构物以及与之相连构件的统称，如基坑支护中的挡土结构、隧道结构中的衬砌、地基基础中的桩或承台，以及修复加固中的注浆体等。在深基坑开挖或桩基施工、隧道开挖、地基处理、边坡支护等过程中，必须在满足岩土共力结构及被支护土体稳定，避免破坏和极限状态发生的同时，不产生由于共力结构体系及影响范围岩土体的过大变形而引起邻近建筑物的倾斜或开裂、邻近管线的渗漏等。从理论上说，如果岩土工程设计是合理可靠的，那么表征岩土体和共力结构体系力学形态的一切物理量都随时间而渐趋稳定；反之，如果测得其力学形态特点的某种或某几种物理量，其变化随时间不是渐趋稳定，则可以断言岩土体和共力结构系统不稳定，必须修改设计参数。在工程实际中，基坑、隧道、地基基础、边坡在破坏前，往往会在岩土共力结构的不同部位上出现较大的变形，或变形速率明显增大。岩土工程监测就是对岩土共力结构体系及周边环境安全进行监测的工作，如在 20 世纪 90 年代初期，基坑失稳引起的工程事故比较常见，随着工程经验的积累，这种事故越来越少，但由于支护结构及被支护土体的过大变形而引起邻近建筑物和管线破坏则仍然时有发生，而事实上大部分基坑围护的目的也就是出于保护邻近建筑物和管线。因此，基坑开挖过程中进行周密的监测，可以保证建筑物和管线变形处在正常范围内时基坑的顺利施工，在建筑物和管线的变形接近警戒值时，有利于选择合适的时机采取对建筑物和管线本体进行保护的应急措施，在最大程度上避免或减轻破坏的后果。

（2）为信息化施工提供参数

岩土工程施工总是从点到面，从上到下分工况逐步实施。岩土工程监测不仅即时反映出岩土体和共力结构在过程中产生的应力和变形状况，还可以根据由局部和前一工况产生的应力和变形实测值与预估值的分析，验证原设计和施工方案正确性，同时可对下一个施工工况时的受力和变形的数值和趋势进行预测，并根据受力和变形实测和预测结果与设计时采用的值进行比较，必要时对设计方案和施工工艺进行修正。

（3）验证有关设计参数

因岩土工程设计尚处于半理论半经验的状态，岩土应力变化计算大多采用经典的理论，与现场实测值相比较有一定的差异，周围岩土体的变形也还没有成熟的计算方法。因此，在施工过程中需要知道现场实际的受力和变形情况。岩土共力结构上所承受的土压力及其分布，受地质条件、置入方式、结构刚度、平面几何形状、深度、施工工艺等影响，并直接与位移有关，而位移又与施工的空间顺序、进度等时间和空间因素等有复杂的关系，现行设计分析理论尚未完全成熟。岩土工程的设计和施工，应该在充分借鉴现有成功经验和吸取失败教训的基础上，根据自身的特点，力求在技术方案中有所创新、更趋完善。对于某一岩土工程，在方案设计阶段需要参考同类工程的图纸和监测成果，在竣工后则为以后的岩土工程设计增添了一个工程实例。现场监测不仅确保了本工程的安全，在某种意义上也是一次 1∶1 的实体试验，所取得的数据是结构和土层在工程施工过程中真实反映，是各种复杂因素影响和作用下的综合体现，因而也为岩土工程领域的科学和技术发展积累了第一手资料。

4.1.3　数字化监测方案设计

岩土工程监测涉及的对象主要包括岩土共力结构和周边环境两部分，从现有感知手段上分为可测量类（如变形、应力）和巡视类（共力结构表观破损、渗漏，工况等）两类。

目前常用的可测量类型包括水平位移、竖向位移、深层水平位移、结构内力、地下水位等 12 大类，根据监测对象又可细分为不同的监测项目。常用监测项目分类表如表 4.1-1 所示。实施岩土工程数字化监测时，应根据监测项目精度要求、监测对象、监测范围、现场条件以及测试方法适用性等具体情况，确定数字化监测方法。此外，数字化监测方法的选择不应影响被测对象自身的结构安全，监测设施设备宜便于安装、调试与保护。

监测项目分类表 表 4.1-1

序号	监测类型	监测项目
1	水平位移	共力结构顶表（边坡、挡墙等）水平位移、邻近建（构）筑物水平位移
2	竖向位移	共力结构顶表（边坡、挡墙等）竖向位移、邻近建（构）筑物竖向位移
3	深层水平位移	共力结构深层水平位移、土体深层水平位移
4	裂缝	邻近建（构）筑物裂缝
5	倾斜	邻近建（构）筑物倾斜
6	地下水参数	潜水、承压水等地下水位、流速、流量等
7	土体分层竖向位移	土体分层竖向位移
8	相对位移	共力结构相对位移（收敛、整圆度）
9	结构内力	共力结构构件内力（如冠梁及围檩内力、支撑内力、桩身内力、立柱内力、锚杆拉力、管片内力等）
10	土压力	共力结构各向土压力
11	水压力	孔隙水压力
12	振动	共力结构及岩土体竖向、水平加速度、速度或频率
13	巡视检查	现场巡视检查

目前，自动化监测技术处于逐步推广使用的阶段。数字化监测不单只有自动化，自动化只是数字化一种形式和方法。人工监测也可完成数字化转型。同时，在岩土工程中全面推广自动化监测还面临着仪器设备投入成本大、安装保护难度大等问题。对于数字化监测的应用条件、应用比例等尚未有系统化的管理规定或标准支撑。一般来说，强调在一些特殊场合和关键部位宜进行自动化监测，目前对于自动化监测的适用情况如下：

（1）需要进行实时、高频次监测，或监测点所在部位的环境条件不允许及难以实施人工监测的基坑工程；

（2）岩土工程安全等级或周边环境保护等级较高时，应对岩土共力结构或周边重点保护环境的关键部位采用自动化监测；

（3）其他具有特殊要求的岩土工程。

对于自动化监测的比例，目前尚未有统一规定，一般根据项目具体情况，自动化监测比例在 10%~50%。对于特别重大工程，或者有研究需求的工程，部分测项的自动化监测比例可达到 70%以上。深圳市于 2018 年发布深圳市工程建设标准《建设工程安全文明施工标准》SJG—46—2018，其中对深基坑与高边坡自动化监测作推荐性要求（即可作为市、区级"双优工地"评选的加分项），如图 4.1-1 所示，采用 INSAR 等技术对深基坑、高边坡安全状态进行大范围的监测；采用自动化远程实时监测系统，如自动化监测机器人等，对深基坑、高边坡进行高频次实时监测预警。

8.4 危险源监测

8.4.3 深基坑与高边坡

　　(1)应对深基坑高边坡进行监测,施工单位、第三方监测单位的监测数据应及时提交到市级监管平台,发挥监测数据的预警作用。

　　(2)深基坑高边坡监测指标包括:围护结构位移、支撑体系位移、周边地表位移、周边建筑物位移、岩土体深部位移、影响区域地下水位变化等。

　　(3)★采用INSAR等技术对深基坑、高边坡安全状态进行较大范围的监测。

　　(4)★采用自动化远程实时监测系统,如自动监测机器人等,对深基坑、高边坡进行高频次实时监测预警。

表面位移自动监测机器人

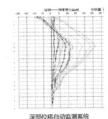

深部位移自动监测系统

深圳市建设工程安全文明施工标准

图 4.1-1　对深基坑与高边坡自动化监测要求

　　对于地下暗挖隧道监测,明确进行自动化监测将作为推荐加分要求,如图 4.1-2 所示(图 4.1-1、图 4.1-2 引自深圳市《建设工程安全文明施工标准》SJG—46—2018)。

8.4 危险源监测

8.4.5 地下暗挖隧道监测

　　(1)★对地下暗挖隧道进行自动化监测预警,监测项目包括但不限于:
①位移监测。
②沉降监测。
③水位监测。
④应力监测。
⑤变形监测。

　　(2)★地下暗挖隧道自动化监测预警系统主要功能应包括:
自动化监测、无线传输、信息化管理、结构趋势分析、应急预案处理、多重分级预警、数据互联互通、多种终端查询。

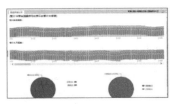

地下暗挖隧道监测系统

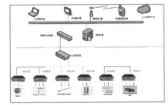

数据采集和传输子系统

深圳市建设工程安全文明施工标准

图 4.1-2　对地下暗挖隧道监测数字化监测要求

　　深圳市建筑工程质量安全监督总站等单位根据上述标准,牵头开发了"深圳市基坑和边坡监测预警平台",将水准仪、全站仪和测斜仪等人工监测项目,通过协议对接实现原始数据直接上传平台,由平台进行数据解算和检查;同时,要求轴力、水平力全部采用自动化监测。标准的实施,对于提高监测技术水平、规范监测市场发挥了积极作用。可以预见,未来各地对于数字化监测的具体实施细则和管理规定会不断完善。

　　对于应用数字化监测的项目,应根据项目特点与现场踏勘调查情况,在详尽收集相关资料的基础上编制数字化监测方案，经评审及相关单位审批后方可实施。当岩土工程设计方案或施工方案发生重大调整变更时，监测单位应及时调整数字化监测方案，并应经相关单位审批后实施。数字化监测方案应包括下列内容：

（1）工程概况；

（2）监测目的和依据；

（3）数字化监测系统设计；

（4）监测成果精度指标与要求；

（5）监测频率与报警值；

（6）独立于自动化监测以外的比对校核；

（7）监测数据采集与处理、发布及信息反馈机制。

数字化监测应采用成熟可靠的技术，数字化监测设备应满足有关国家现行标准要求且易于维护；同时，数字化监测仪器设备精度和量程应满足工程要求；数字化监测点布设、监测频率及监测报警值指标应满足有关国家现行标准的规定。

4.2　数字化监测技术

4.2.1　测量机器人综合监测

4.2.1.1　技术特点

随着电子技术和计算机技术的发展，全站仪的自动目标识别（Automatic Target Recognition）技术应运而生。全站仪发送的红外光被反射棱镜返回，经仪器内置的 CCD 相机接受并判断后，马达驱动全站仪自动转向棱镜，自动精确确定棱镜中心的位置，能进行自动搜索、识别及精确照准目标，并能自动获取距离、角度、三维坐标和影像等测量信息，代替大量人工照准目标枯燥、烦琐的调焦和精确照准工作。设备厂商为用户提供开放的数据接口，使综合形变的自动监测成为可能。

测量机器人综合监测系统有以下特点：

（1）测程长，基准点（参考点）设置范围大，容易得到相对稳定基准点的"绝对"变形量，适用于大范围、要求精度均匀、等级适中（1～2mm 级）场合；而电子水平尺等系统延伸覆盖范围的代价高，参考点常常需要别的手段定期检测，更适用于局部相对精度要求高（亚毫米级）的场合。

（2）测量机器人本质上测量空间点的三维坐标，通过坐标分量的比较，可计算沉降、位移、收敛等多维度的变形，形成综合成果；相对于其他监测系统仅能监测一个测项、一个物理或几何量，成果内容更丰富。

（3）成果构成也有所不同，测量机器人价格高，目标点价格较低，适合在监测点多、位置分散的场合，便于扩展；其他监测系统一般由多个基本对等的传感器串联组合，现场安装时高度或线性要求更严。

（4）监测速度上，测量机器人采用轮巡方式逐个瞄准、测量，每个监测点需数秒，速度慢、耗时长；其他传感器采用某种物理感应形式，数据采集相对更快。

4.2.1.2　监测系统

1）系统构成

测量机器人自动化监测系统由智能全站仪、数据采集器、服务器和网页端组成。智能全站仪是整个自动化测量系统硬件组成中的核心部件，目前常用的是瑞士徕卡公司生产的 TM50 全站仪（表 4.2-1）。这种智能型全站仪拥有自动目标识别功能（Automatic Target Recognition，ATR），和精密伺服电机驱动系统（直驱、压电陶瓷技术），仪器 ATR 视场角可以调整，提供了小视场技术，当视场内出现多个棱镜的时候仪器能进行分辨（当启动最小视场角时，200m 棱镜分辨距离 30cm），非常有利于进行自动化监测。

全站仪主要技术指标　　　　　　　　　　　　　　　　表 4.2-1

技术参数		
	型号	Leica TM50
	测角精度	0.5″
	测距精度	0.6mm + 1ppm-D（圆棱镜）
	单次测量时间	典型 3s
	转速	最大 180°/s
	正倒镜转面时间	2.9s
	ATR 有效测程	1500m
	望远镜放大倍率	30
	电源	锂电池，可充电/外接电源

利用徕卡全自动全站仪提供的 GeoCOM 接口进行二次开发实现测量，利用蜂窝移动网络实现远程通信连接，利用 WebSocket 技术可实现实时双向通信。系统架构如图 4.2-1 所示。通过这套系统，用户可以在网页上完成全站仪自动化项目管理、远程控制、实时数据采集、数据查询和下载以及测点配置等工作。

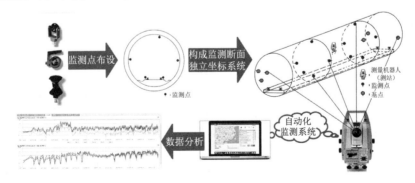

图 4.2-1　自动化测量系统架构图

2）数据处理

测量机器人自动化监测坐标系统、位移计算步骤如下：

（1）坐标系统

平面坐标系：根据现场情况，建立独立平面直角坐标系，坐标系统X轴与走向平行，Y

轴垂直于X轴；X轴东面为"+"方向，Y轴北面为"+"方向（不同对象方向可能不同，具体视现场情况确认）。

高程系统：采用独立高程系，采用三角高程的方法进行观测。

（2）竖向位移计算

通过全站仪平差得到监测点三维坐标后，Z轴坐标即代表当前测点的高程，通过比较本次高程与初始高程即可得到观测点的沉降量。即：

$$\Delta H = Z_i - Z_0 \tag{4.2-1}$$

式中：ΔH——累计沉降量；

$\quad\quad Z_i$——第i次观测的测点高程；

$\quad\quad Z_0$——测点的初始高程。

（3）水平位移计算

通过全站仪获取对测点A点的三维坐标后，通过以下计算过程得到测点的位移值：

假设测得测点A点坐标为(X_a, Y_a, Z_a)，A点水平位移Δ_A如下：

$$\Delta_A = \sqrt{(X_{ai} - X_{a0})^2 + (Y_{ai} - Y_{a0})^2} \tag{4.2-2}$$

式中：X_{ai}、Y_{ai}——第i次测得A点的X、Y坐标；

$\quad\quad X_{a0}$、Y_{a0}——A点的初始X、Y坐标。

根据X和Y的变形方向的夹角，可以确定测点水平位移的方向。

3）成果发布

经过数据处理计算完成的成果直接发布在多传感器自动化监测系统中。数据结果可查询和导出，任何接入网络的设备（电脑、平板电脑、手机等）都可以通过网页端实时访问查看。

4.2.1.3 监测方法

测量机器人自动化测量适用于三维坐标测量，测量机器人与设置在监测对象上的观测目标共同组成观测系统，根据观测点设置的不同对应关系，可以得到水平位移、管径收敛、沉降或结构体倾斜等测量结果。

1）测点布置和安装

（1）测量机器人设置

现场一般安装固定仪器观测台，观测台顶部安装强制对中装置，全站仪固定在强制对中装置上，通过通信电缆与数据采集器连接。当用于测量地铁结构变形时，固定仪器观测台安装在盾构法隧道结构内壁、车站侧墙或隧道、车站内（满足轨道交通限界要求），仪器观测台形式一般有仪器支架或钢筋三脚架，仪器支架通过膨胀螺栓钻孔安装在结构体上，钢筋三脚架底座用膨胀螺栓将钢筋角铁底座打入结构体内固定，设置如图 4.2-2 所示。图 4.2-2 右图中全站仪前方白色亮点为棱镜监测点。

（2）合作目标设置

合作目标一般为小棱镜，一般在现场仪器安装完成后再进行设置，通过仪器来确保两者之间是通视可测量的。为避免同一视场多棱镜目标，影响自动化测量精度和效率，合作目标相互之间要按照上、下或左、右错开安装的原则布设。错开量一般根据仪器到棱镜的距离S和仪器设置的自动搜索范围角度θ进行计算，错开量$L = S \times \tan\theta$。

图 4.2-2　全站仪安装照片

2）数据处理

测量机器人数据计算时应进行外业成果的观测限差检查、测回差检查、控制点稳定性检查，计算后应输出精度统计信息。

数据处理应在服务器上专门开发一套数据处理算法，通常应具有以下功能：

（1）支持一台或多台全站仪，可以适应大范围的监测区间；

（2）多台全站仪可以一起协同工作，在同一时刻开始测量，保证数据的时效性；

（3）采用间接平差模型，全站仪可以在变形区域内设站，观测完成后整体平差，自动对测站的坐标变化进行修正；多测站数据处理模型示意图如图 4.2-3 所示。

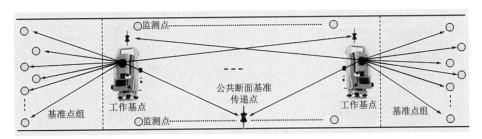

图 4.2-3　多测站数据处理模型示意图

（4）根据测点不同的对应关系，可以自动解算多种测量成果：管径收敛、道床沉降、水平位移或侧墙倾斜等。

4.2.1.4　应用实例

（1）工程背景

某地铁矩形盾构区间全长约 1305m，平面最小半径 $R = 430$m，最大纵坡−29‰，埋深 4.6～9.8m。矩形盾构隧道自转换井始发后依次上跨既有 1 号线左线（下行线）、1 号线出段线、4 号线出段线，与 4 号线入段线、1 号线右线（上行线）并行前进。

项目平面线路示意图如图 4.2-4 所示，外部作业与各运营线路平面和剖面位置关系如图 4.2-5、图 4.2-6 所示，项目地质剖面图如图 4.2-7 所示。

图 4.2-4　项目平面线路示意图

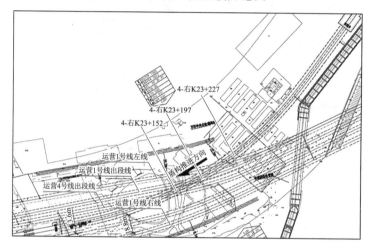

图 4.2-5　外部作业与运营线路平面位置关系示意图

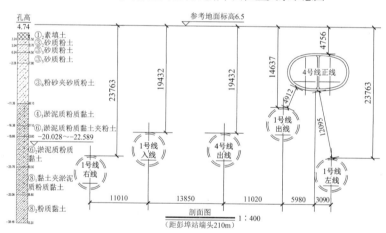

图 4.2-6　外部作业与运营线路剖面位置关系示意图

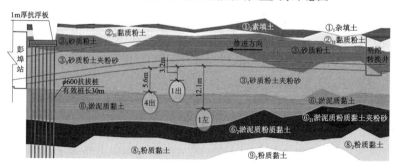

图 4.2-7　项目地质剖面图

（2）项目实施

本项目共投入 0.5″级全站仪 6 台，其中在 1 号线出段线、4 号线入段线实现 2 台组网联测。通过全站仪实时提供了沉降、收敛、水平位移等综合变形数据（监测设置情况见表 4.2-2）。

整个系统结合大断面类矩形隧道穿越特点，分为全局测量和重点局部测量，其中每天提供 4 次全局测量数据，全局测量中进行基准点和变形控制网联测，进行稳定性判断，为重点测量提供基准。在穿越影响断面进行重点跟踪测量，每 20min 一次测量。本项目中基于测量机器人的综合变形监测表现出了巨大的灵活性，能够通过定制满足复杂环境工况的影响要求。部分测量结果如图 4.2-8、图 4.2-9 所示。

各区段监测设置情况　　　　　　　　　　　　　　　　表 4.2-2

序号	线路	全站仪台数	监测范围	监测点数
1	1 号线下行线	1	899～1022 环	68
2	1 号线出段线	2	142～355 环	110
3	4 号线出段线	2	113～303 环	114
4	4 号线入段线	1	542～652 环	54

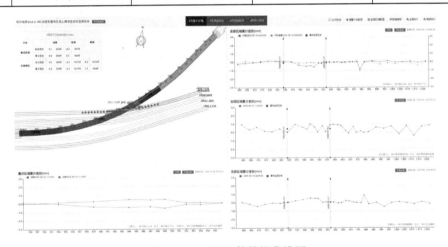

图 4.2-8　项目总体管控曲线图

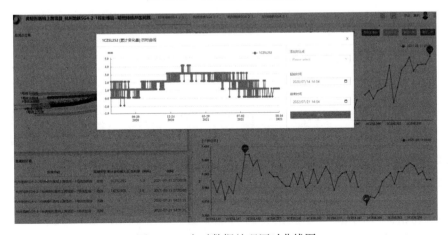

图 4.2-9　实时数据处理历时曲线图

4.2.2 静力水准沉降监测

4.2.2.1 技术特点

静力水准系统是测量两点间或多点间相对变化的精密仪器，主要运用于建筑物、隧道的竖向位移变形监测。静力水准数字化监测系统由传感器、数据采集装置、计算机监控管理系统组成（图4.2-10）。数据采集装置放置在测量仪器附近，对所接入的仪器按照监控主机的命令或预先设定的时间自动进行控制、测量，并实时转换为数字量暂存于数据采集装置中。随后根据监控主机的命令向主机传送所测数据，并向管理中心传送经过检验的数据入库，由测量技术人员对存储的数据进行处理和分析。

图4.2-10　静力水准仪现场安装监测图片

静力水准仪根据容器液面状态的测量方式不同，可以分为连通管式和压差式两大类，如图4.2-11所示。

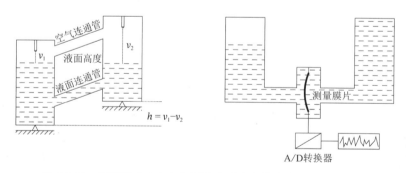

图4.2-11　连通管式（左）与压差式（右）静力水准系统原理图

（1）连通管测量系统——各个容器中的液体相互连通，存在液体交换，测量液面高度；

（2）压力测量系统——各个容器间的连通管被金属膜片分隔，不存在液体间的相互交换，测量液体分断面处的压力变化。

4.2.2.2 监测系统

（1）仪器指标

静力水准仪指标如表4.2-3所示。

静力水准仪主要技术指标　　　　　表 4.2-3

测量范围/mm	10、20、30、40、50	80、100
分辨力/(mm/字)	0.01	0.01
精度/mm	≤ 0.5%F.S	≤ 0.7%F.S
环境温度/℃	−20〜+60	−20〜+60
湿度环境（相对湿度）/%	0〜100	0〜100

（2）数据处理

该仪器依据连通管的原理，用传感器测量每个观测点容器内液面的相对变化，再通过计算求得各点相对于基点的相对沉降（隆起）量，与基准点相比较即可得测点的绝对沉降（隆起）量。静力水准仪测量原理如图 4.2-12 所示。

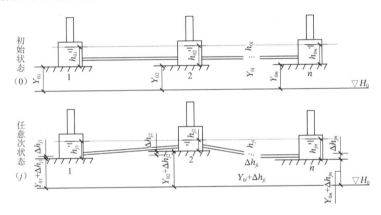

图 4.2-12　静力水准仪测量原理示意图

如图 4.2-12 中所示，设共布设有 n 个观测点，1 号点为相对基准点，初始状态时各测量安装高程相对于（基准）参考高程面 ΔH_0 间的距离则为：$Y_{01}, \cdots, Y_{0i}, \cdots, Y_{0n}$（$i$ 为测点代号，$i = 0, 1, \cdots, n$）；各观测点安装高程与液面间的距离则为 $h_{01}, \cdots, h_{0i}, \cdots, h_{0n}$，则有：

$$Y_{01} + h_{01} = Y_{02} + h_{02} = \cdots = Y_{0i} + h_{0i} = \cdots = Y_{0n} + h_{0n} \tag{4.2-3}$$

当发生不均匀沉陷后，设各观测点安装高程相对于基准参考高程面 ΔH_0 的变化量为：$\Delta h_{j1}, \Delta h_{j2}, \cdots, \Delta h_{ji}, \cdots, \Delta h_{jn}$（$j$ 为测次代号，$j = 0, 1, \cdots, n$）；各观测点容器内液面相对于安装高程的距离为 $h_{j1}, h_{j2}, \cdots, h_{ji}, \cdots, h_{jn}$。由图 4.2-12 可得：

$$\left(Y_{01} + \Delta h_{j1}\right) + h_{j1} = \left(Y_{02} + \Delta h_{j2}\right) + h_{j2} = \left(Y_{0i} + \Delta h_{ji}\right) + h_{ji} = \left(Y_{0n} + \Delta h_{jn}\right) + h_{jn} \tag{4.2-4}$$

则 j 次测量 i 点相对于基准点 1 的相对沉陷量 H_{i1} 为：

$$H_{i1} = \Delta h_{ji} - \Delta h_{j1} \tag{4.2-5}$$

由式(4.2-4)可得：

$$\Delta h_{j1} - \Delta h_{ji} = (Y_{0i} + h_{ji}) - (Y_{01} + h_{j1}) = (Y_{0i} - Y_{01}) + (h_{ji} - h_{j1}) \tag{4.2-6}$$

由式(4.2-3)可得：

$$(Y_{0i} - Y_{01}) = -(h_{0i} - h_{01}) \tag{4.2-7}$$

将式(4.2-7)代入式(4.2-6)得：

$$H_{i1} = (h_{ji} - h_{j1}) - (h_{0i} - h_{01}) \tag{4.2-8}$$

通过传感器测得任意时刻各测点容器内液面相对于该点安装高程的距离h_{ji}（含h_{j1}及首次的h_{0i}），则可求得该时刻各点相对于基准点的相对高程差。如把任意点g（$1,\cdots,i,\cdots,n$）作为相对基准点，将f测次作为参考测次，则按式(4.2-8)同样可求出任意测点相对g测点（以f测次为基准值）的相对高程差H_{ig}：

$$H_{ig} = (h_{ij} - h_{ig}) - (h_{fj} - h_{fg}) \tag{4.2-9}$$

（3）成果发布

安装完成后，根据项目需求设置数据采集频率，采集数据通过通信传输实时入库。历次高程与上次高程比较计算本次变化量，与初始高程比较计算累计变化量；生成报表包括各观测点的本次变化量、累计变化量，并生成观测点累计变化曲线图。成果可以通过计算机/移动客户端进行实时在线发布、查询、分析等。

4.2.2.3 监测方法

静力水准系统一般按测线沿监测对象布置，测点根据监测对象尺寸、结构特点布置，对于有纵坡的线路结构，常常需分段分组安装测线，相邻测线交接处应在同一结构的上、下设置两个传感器作为转接点（图 4.2-13）。变形测量作业现场，静力水准系统的参考点很难布设到稳定区域，应定期进行几何水准联测。

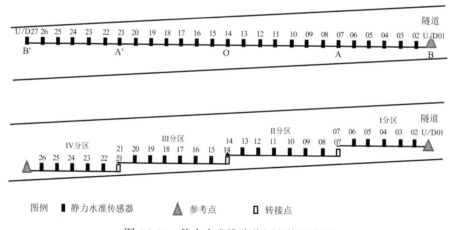

图 4.2-13　静力水准线路分组安装示意图

一般布设监测点应满足如下要求：

（1）观测点安装在可以反映施工期间主楼结构变形的侧墙结构体上；

（2）观测点尽量按照南北、东西同断面布设；

（3）观测点布设不影响被测量体的结构性能，不影响正常施工；

（4）工控机采集设备安装在通信信号良好区域。

点位布设结束后，根据设计图纸量测每个断面的横截距，配置到每组断面上。按照15min 的间隔采集数据，根据采集到的静力水准数据，对断面的差异沉降和倾斜进行计算，如有报警，实时通知施工现场，暂停施工并分析原因。

静力水准系统的误差影响可分为两部分：一部分来自于外界环境的影响，如在非均匀温度场和非均匀压力场下导致液体体积不均匀膨胀、液面高度变化；另一部分误差来源于液面高度或压力差的测量方法。对于高精度测量，应该对各个误差进行有效地消弱或者计算补偿。外界环境的影响源及主要消弱方法见表4.2-4。

外界环境的影响源及主要消弱方法   表4.2-4

序号	误差来源	影响方式	消除或减弱方法
1	气压	不同压力导致液面高度值错误	压力测量改正； 增加气管，形成气压封闭系统
2	温度	密度改变和体积改变；管路温度不均对精度影响大	温度测量与改正；控制液面到管路最低点的高差；避免阳光直射或采取温度均匀性保护措施
3	液面振动	在真值上下晃动	等待稳定后取值或长时间多次测量取平均
4	零点	零点沉降	其他方法修正
5	管路气泡	影响压力或液面高度	精确安装，避免

4.2.2.4 应用实例

对于房屋进行倾斜监测是建筑施工当中非常重要的一项工作。传统的监测一般采用水准仪或者经纬仪，通过测量建筑物的垂直度或者房屋断面的相对高差来计算倾斜变化。这些方法需要人工操作，实时性较差，无法满足更高观测频率的监测需求，而采用前文所述的静力水准设备可以很好地解决这一问题。

假设在 A、B 两点处各有一台静力水准设备，通过计算 AB 两点之间的高程差异，除以两点之间的水平距离，即可得到建筑在该断面上的倾斜率：

$$Tilt_{AB} = \frac{(H_A - H_B)}{Dist_{AB}} \tag{4.2-10}$$

（1）工程背景

以某房屋基础加固工程为例，沉降资料显示，该楼在加固前的 8 个月内，沉降阶段变形为 2.23～8.66mm，总倾斜率为 0.3‰～3.6‰，需要对其进行沉降监测和倾斜监测

根据《建筑地基基础设计规范》GB 50007—2011 第 5.3.4 条，多层和高层建筑物的整体倾斜，倾斜允许值为 2‰；而根据《建筑变形测量规范》JGJ 8—2016 第 3.2.3 条中对于建筑的地基变形允许值观测精度的规定，取 2‰的 1/20，也就是 0.1‰，作为本次系统倾斜测量的目标精度。

在本系统中，使用的静力水准设备精度如表 4.2-5 所示。

静力水准设备相关参数   表4.2-5

测量范围/mm	30
分辨率/mm	0.01
精度/mm	0.2

由此可知，单台静力水准仪采集精度在 0.2mm 左右，根据误差传播定律，两点差异沉降的观测误差约为：$0.2mm \times \sqrt{2} = 0.29mm$，因此，若断面距离：

$$Dist_{AB} > \frac{0.29}{0.1} = 2.9m \tag{4.2-11}$$

即可满足倾斜测量的精度要求。在实际房屋监测中，房屋断面大于 2.9m 的条件几乎总

是得以满足，因此，静力水准系统可以用于房屋倾斜沉降监测，精度能够满足规范要求。

（2）项目实施

在楼东、西单元主楼结构布置 14 个监测点，点位布置如图 4.2-14 所示。

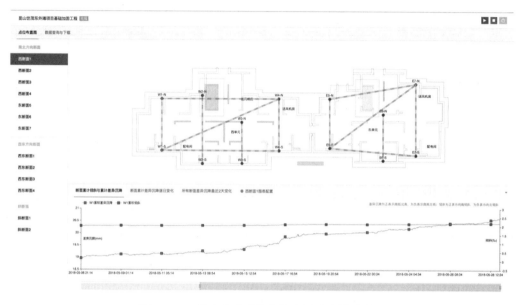

图 4.2-14　静力水准系统点位布置及成果展示图

4.2.3　电子水平尺沉降监测

4.2.3.1　技术特点

电子水平尺（EL BEAM）是一种能精确测量物体倾斜（即两点间高差）的仪器，多支电子水尺首尾相接组成沉降观测系统，自 2000 年首先引入上海后，当既有线路受新线施工穿越影响时，电子水平尺是采用最广泛的沉降自动监测技术。

电子水平尺核心部分是一个电解质倾斜传感器，它利用电解质来进行水平偏差（即倾斜角）测量，单个单元构造如图 4.2-15 所示。将电解质倾斜传感器（组件）安装在一支空心的直尺内，就构成了电子水平尺（EL Beam Sensor）。使用时电子水平尺可以单支安装，也可以将多支电子水平尺的首尾相连，在监测区段内沿待测方向展开安装，如图 4.2-16 所示。

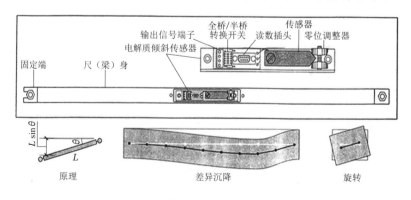

图 4.2-15　电子水平尺系统构造图

图 4.2-16　电子水平尺系统现场安装

4.2.3.2　监测方法

如图 4.2-17 所示，一个由 $E_1, E_2, E_3, \cdots, E_n$ 共 n 个首尾相接的电子水平尺组成的监测链，始于测点 P_0，依次经过 $P_1, P_2, P_3, \cdots, P_n$ 点，它们构成了一个监测 $P_0 \sim P_n$ 范围内各点沉降的计算模型，共有 $n+1$ 个测量点，各电子水平尺的长度为 L_i（通常长度相等）。

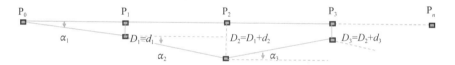

图 4.2-17　电子水平尺尺链沉降计算示意图

各传感器输出的电压信号换算成倾角角度，历次测得各传感器的倾角 α_i（i 为测点序号），各点相对于 P_0 点的高差 D_i 按下式计算：

$$D_i = \sum_{j=0}^{i} d_j = \sum_{j=0}^{i} \left(L_j \times \sin \alpha_j \right) \tag{4.2-12}$$

沉降发生前，计算得到各点相对于参考点 P_0 的高差 D_i^0，第 k 次计算得到 D_i^k，对应相减后即得到各点的沉降量 ΔD_i^k。

多支电子水平尺串联安装构成的"尺链"进行沉降测量时，应采用水准测量法定期联测尺链的起点与终点，根据水准测量成果修正各测点沉降变形成果。

每支电子水平尺每次读数都存在随机误差，监测尺链上各点数据相互累加更引起随机误差的叠加。若单支电子水平尺误差为 e_i，根据误差传播规律，尺链总误差可按下式估算：

$$E = \sqrt{\sum (e_i)^2} = e_i \sqrt{n} \tag{4.2-13}$$

根据经验，单个电解质倾斜传感器倾角变化量的精度为 $3''$，其与 1m 的梁构成的单支电子水平尺的精度为 0.0145mm($= 1000\text{mm} \times 3''/206265''$)，与 2m 的梁构成的单支电子水平尺的精度为 0.029mm，用不同型号电子水平尺构成不同长度尺链的总体精度估算如表 4.2-6 所示。

不同电子水平尺构成不同长度的总体精度（mm）　　　　表 4.2-6

组合情况	50m 尺链	100m 尺链	150m 尺链
用 1m 电子水平尺	0.103	0.145	0.178
用 2m 电子水平尺	0.145	0.205	0.251

在实际监测项目中，尺链的两端延伸到施工影响范围外，认为尺链两端未受施工影响，是稳定的，两端部测量点的沉降量应为 0。但实际工作中，由于测量误差影响，此值不为 0，设不符值为 Δ，通常按数据平差的方法进行校正：

$$H_i = \sum_{j=0}^{i} d_j - \frac{\Delta}{L_T} \sum_{j=0}^{i} L_j \qquad (4.2\text{-}14)$$

当然，也应注意，并非所有的现场都能满足尺链两端稳定的条件，通常应对两端测量点采用定期人工测量的方式校正。设首点校正量为 H_0，尾点校正量为 H_n，此时不符值 Δ、测站点 i 上实际沉降量为：

$$\Delta = H_0 + \sum_{j=0}^{i} d_j - H_n \qquad (4.2\text{-}15)$$

$$H_i = H_0 + \sum_{j=0}^{i} d_j - \frac{\Delta}{L_T} \sum_{j=0}^{i} L_j \qquad (4.2\text{-}16)$$

4.2.3.3　应用实例

（1）工程背景

上海某地铁线某站基坑与既有地铁线 T 形通道换乘（图 4.2-18），同时在区间隧道出车站后，下穿既有车站，新建区间与既有车站底板最小竖向净距约 2m。项目结合车站端头井设置清障工作井，在清障工作井内对既有地铁线底板下土体进行冻结加固，采用矿山暗挖，形成一次支护后，凿除原有地下连续墙，盾构从支护体内穿越（图 4.2-19）。

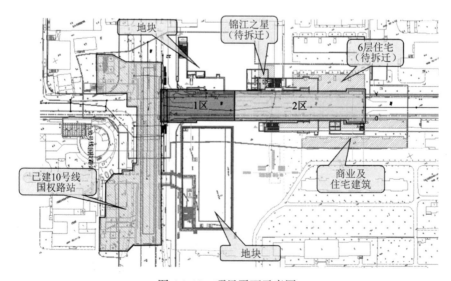

图 4.2-18　项目平面示意图

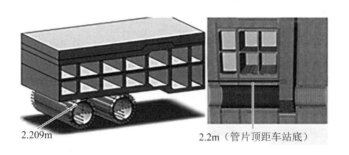

2.209m   2.2m（管片顶距车站底）

图 4.2-19　在建隧道与上部运营车站的位置关系示意图

（2）项目实施

本项目考虑风险和经济效益因素，共投入高精度 2m 电子水平尺 40 支，布设范围 80m，形成监测尺链。并同步布设静力水准仪 20 台共计 140m。通过附和线路高精度精密水准测量的校正，系统的综合性能表现出了高精度和高灵敏性，能够满足高风险进度控制的需求（图 4.2-20）。

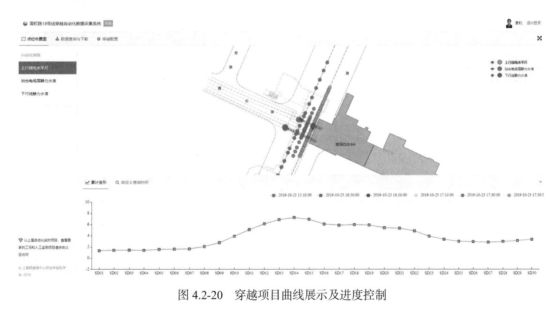

图 4.2-20　穿越项目曲线展示及进度控制

4.2.4　激光测距仪收敛监测

4.2.4.1　技术特点

激光测距仪近年来飞速发展，具有测距快、体积小、性能可靠等优点，结合物联网通信技术，能够自动实时监测，并能够满足预报警需求，已经广泛应用于地下工程领域，如盾构隧道工程中，变形的敏感性关注焦点为收敛变形，自动测距仪的使用需求大。

4.2.4.2　监测方法

激光测距仪通常用来测量固定测线的长度变化。隧道内的激光测距仪通常布置在水平直径位置，在测线一端设置激光测距仪，配套无线数据采集器模块及 DC12V 电源，调整激光测距仪测线姿态以保证激光测距仪测线方向与设计测线一致，安装好后在另一端设置对准点，以便分析运行过程中结构旋转对收敛变形的影响。监测过程中应确保激光测距的测线上无遮挡物，并定期采用人工管径收敛值验证自动化管径收敛测值。

影响测距精度的因素主要有仪器本身的因素（如加常数、乘常数等）、大气变化引起折射率的变化、发射目标材质的影响。

地下工程的变形监测控制值一般为 20mm，根据精度估算应达到 2mm 以内，因此，应设置固定目标端点，精度应从固定端点的反射面材质、颜色、透明度、测距激光的入射角等方面进行控制。

测点埋设示意图和实例如图 4.2-21 所示。

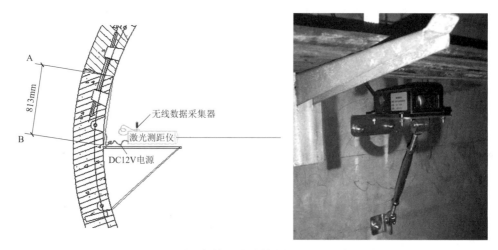

图 4.2-21　测距仪管径收敛数字化监测点现场安装

4.2.5　测斜仪深层水平位移

深层水平位移数字化监测可采用固定式测斜仪、自动提升式测斜设备等实施。深层水平位移数字化监测设备的系统精度不宜低于 ±0.25mm/m，分辨力不宜低于 ±0.02mm/500mm。深层水平位移监测应确定固定起算点，起算点可设在测斜管顶部或底部。固定式测斜传感器的竖向间距应能反映监测深度范围内管形变化特征，间距不宜超过 2m。自动提升式测斜设备应以不大于 0.5m 的间隔逐段量测。

4.2.5.1　固定式测斜仪

（1）监测系统

自动化测斜系统包括传感系统，无线传输系统，以及数据处理、发布系统三部分（图 4.2-22）。固定分布式测斜系统从硬件上包含分布式测斜传感器元件、采集设备两部分（图 4.2-23）。MEMS 倾角传感器元件封装在测试杆中，不同测试杆之间通过连接杆连接固定，通过 RS-485 总线信号线将倾角传感器芯片串联，组成分布式测斜传感器元件。采集设备主要用于管口连接总线式传感器节点串，实现节点数据的获得和转发。

图 4.2-22　分布式测斜系统构成示意图

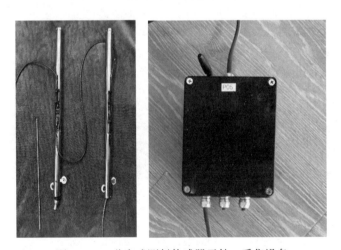

图 4.2-23　分布式测斜传感器元件、采集设备

（2）布设与安装

现场安装前需要提前确定测斜管深度与传感器间距，并准备好采集设备保护装置。当人工测斜管具备安装条件时，将封装有传感器的测试杆与连接杆通过测试杆顶部的万向节连接固定；测试杆与连接杆固定后，分布式测斜系统下放前在底部传感器固定一根钢丝绳，将传感器与钢丝绳一起随着测斜孔慢慢下放，下放过程中注意测试杆的高轮统一朝向基坑方向，同时将多余连接线和钢丝绳固定绑扎在测试杆上，防止下放时卡在测斜管内；所有传感器安装完成后，将测试杆顶部传感器的 485 信号线连接至数据采集设备，信号线与采集设备需要分别做好保护措施。传感器元件及采集设备现场安装情况如图 4.2-24、图 4.2-25所示。

图 4.2-24　传感器元件现场安装

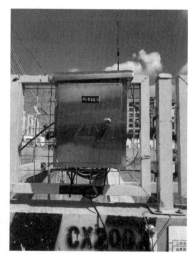

图 4.2-25　采集设备安装

（3）数据处理

现场安装完自动化采集系统后，采集设备会定期将采集的角度值发送到服务器，将测斜计算公式进行程序化实现，部署在监测平台中，当每次有新的测试数据进入到平台时，系统自动调用测斜计算模块，计算获取每个测量点相对于初始情况的位移变化量。

4.2.5.2　自动提升式测斜仪

自动提升式测斜仪是将单个 MEMS 测斜探头与同步电机连接，通过电机控制测斜探头沿测斜管滑动，模拟人工拉测斜的过程。上海某厂商研制的自动滑动式测斜设备如图 4.2-26 所示，在部分工程中进行了测试。其优点是测斜探头和同步电机长期固定在测斜孔位置，重复稳定性较好，且只需一个 MEMS 测斜传感器，造价相对较低。但是对于较深测斜孔，单次采集的时间较串联分布式长，并且由于顶部电机设备体积较大，现场的安装、保护和供电有一定困难。

图 4.2-26　自动滑动式测斜设备

4.2.6　裂缝数字化监测

4.2.6.1　监测系统

裂缝数字化监测可采用裂缝计、位移计结合智能采集传输设备实施。监测系统由裂缝计（位移计）、数据采集系统、服务器和网页端组成。

裂缝计（图 4.2-27）包括一个振弦式感应元件，该元件与一个经热处理并消除应力的弹簧相连，弹簧两端分别与钢弦、传递杆相连。当连接杆从仪器主体拉出，弹簧被拉长，导致张力增大，并由振弦感应元件测量。钢弦上的张力直接与拉伸成比例，裂缝宽度通过振弦读数仪测出的读数变化精确地计算。拉线位移计（图 4.2-28）为位移传感器，在裂缝一端固定传感器，牵引出 1.5mm 粗的钢丝绳水平连接在裂缝另一端的固定点。当裂缝变形时，拉线位移计的拉绳会随着变形的发生伸展和收缩，钢丝绳发生的长度变化量ΔL即为裂缝的变化量。

图 4.2-27　裂缝计

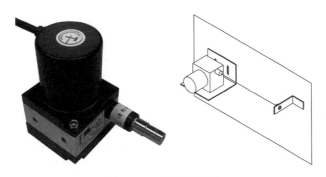

图 4.2-28　拉线位移计

4.2.6.2 布设与安装

安装时，裂缝监测设备的最大量程应满足监测对象可能出现的最大变化量需要；裂缝监测设备安装时应充分考虑裂缝可能产生的收缩与扩张两种情况；监测设备安装应考虑裂缝的变化方向，避免因物理形变导致的数据不准确或设备损坏。

采用 M8 膨胀螺栓安装测缝计，传感器的安装面与被测量面固定必须紧密、平整、稳定（图 4.2-29），如果安装面出现不平，容易造成传感器测量夹角误差。

实地安装的测缝计如图 4.2-30 所示。

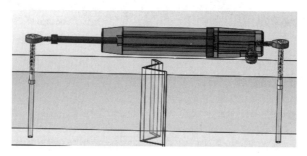

图 4.2-29　利用膨胀螺栓安装测缝计示意图

图 4.2-30　实地安装的测缝计

4.2.6.3 数据采集

通过安装在监测现场的数据采集系统，将采集、获取的位移传感器的裂缝数据经数据传输系统发送到监测服务器，再经软件计算、分析、存储、显示。通过移动互联技术，相关人员通过手机或电脑客户端，可实时查看现场裂缝数据信息。

4.2.7　倾斜数字化监测

倾斜数字化监测可采用智能型全站仪、倾角计、静力水准仪、电子水平尺等实施。采用智能型全站仪进行倾斜数字化监测时，应设置稳固可靠的测站点，测站点宜为强制对中的观测台或观测墩。采用倾角计进行倾斜数字化监测时，可选用单轴或双轴倾角计。倾斜数字化监测也可通过静力水准仪进行。采用电子水平尺进行倾斜数字化监测时，电子水平尺可竖直向或水平向单支安装。

4.2.8　地下水位

4.2.8.1　监测系统

地下水位数字化监测可采用孔隙水压力计结合智能采集传输设备实施。无线自动化水位计由三部分组成：压敏式水位测量探头、无线数据发送模块和可充电的锂电池（图 4.2-31）。水位探头的量程为 0～50m，测量精度可达 1mm；无线发送模块与可充电电池集成组装，可将采集数据实时发送到远程数据平台，数据采集设备具有功耗低、体积小、便于更换等特点。

图 4.2-31　无线自动化水位计

4.2.8.2　数据采集

在现场水位孔中放置压敏式水位监测元件，在水位孔的上部，放置采集模块，采集数据通过内置的物联网发射模块，直接将水位原始数据（液面高度）实时发送至监测云平台。平台中将液面高度实时转换和存储为水位高程。水位数字化监测成果如图 4.2-32 所示。

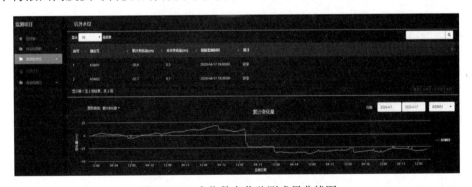

图 4.2-32　水位数字化监测成果曲线图

4.2.9　土体分层竖向位移

土体分层竖向位移数字化监测可采用单（多）点位移计实施，分层竖向位移数字化监测精度不宜低于±2.0mm，量程应满足预估最大土体分层竖向位移量的要求。采用单（多）点位移计进行分层竖向位移数字化监测时，应符合以下规定：

（1）单（多）位移计传感器安装埋设应结合现场环境及监测对象特征，确定安装工艺与布设位置，坑内埋设时须有可靠保护措施。

（2）单（多）点位移计传感器安装时应保证底部测点锚固稳定，应定期对单（多）点位移计顶部高程采用几何水准测量方法进行修正。

（3）单（多）点位移计传感器的线缆应集中接入自动化数据采集设备，并编制详细的安装与接入记录。

4.2.10　相对位移

相对位移数字化监测可采用激光测距仪等实施。相对位移数字化监测精度不宜低于±2.0mm。采用激光测距仪进行数字化监测时，应符合以下规定：

（1）激光测距仪应布设于固定测线一端的结构侧壁，测量的激光束应对准测线另一端目标点，目标点宜设置棱镜等测量元件。

（2）应定期检查激光测距仪安装架整平度，确认照准方向是否偏移。

（3）环形支护结构整圆度监测时，激光测距仪测线应经过环形支护结构的圆心。

4.2.11　应力类数字化监测

水、土压力及结构内力等数字化监测，将相应类别传感器通过数据自动采集传输设备接入数字化监测系统后，可实施数字化监测工作。数字化监测项目宜选用带测温功能的传感器，数据自动采集设备与传感器之间应能可靠传递信号。传感器安装埋设应结合现场环境、施工方案及监测对象特征，确定合适的安装工艺。

4.2.11.1　支撑轴力

工程监测中，支撑轴力监测主要采用的是应力传感器，应力传感器包括振弦式和FBG光纤两大类。

1）振弦式应力传感器

（1）仪器设备

在不同的应力环境的作用下，振弦式传感器元件内部振弦受电激励后的振动频率将产生可预测的变化。传感器测量系统可以准确测量传感器内部振弦的振动频率，并通过反推计算出相关的工程物理量（拉力、应力等）。应力数字化监测系统，是以振弦式频率测量模块为核心的振弦式传感器自动化读测系统，专门用于测量振弦式传感器输出的频率。可以通过远程无线传输模块，将系统采集到的频率监测数据实时传送至监测云平台，并通过软件自动计算出需要监测的应力值。钢筋应力计和无线采集单元如图 4.2-33 所示。

采集单元内置的智能测量模块具有自动集测、信号处理、控制和通信功能，其主要功能和技术指标如下：

①数据采集单元采用智能化模块结构，包括测量、单位转换、数据处理和外部通信功能等。

②数据采集单元的外部供电电源从交流电源取得，交流电源为 220V ± (220 ± 33)V。

③具有掉电自保护功能，具有对处理器、存储器、电源、测量电路、时钟、接口、传感器线路自诊断功能。

④带有免维护的蓄电池作后备电源。当外部电源消失时，后备电源能自动启动，配备

的电源容量必须保证数据采集单元正常工作。

⑤数据采集单元上应设有人工读数的接口，以便在现场进行人工采集。

⑥应设有与便携式设备连接的接口，以便操作人员进行现场检查、率定和诊断。

⑦应具有很强的实时观测功能。提供各种模式的数据采集方式，如自动定时采集、根据指令随机采集、针对某一特定通道的采集等。

⑧电源系统、通信系统、传感器线路均设有效的防雷设施。

⑨工作温度−20～+50℃。

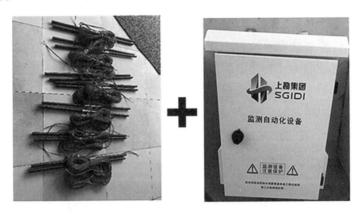

图 4.2-33　钢筋应力计和无线采集单元

（2）现场埋设

混凝土支撑轴力测点埋设在混凝土支撑浇筑前完成，钢筋应力计与受力主筋一般通过绑扎的方式连接（图 4.2-34），避免了焊接法将主筋割断导致支撑刚度受影响。钢筋计绑扎时选取支撑各面中间部位，用铁丝与待测主筋绑扎牢固，电缆线按固定线路绑扎于钢筋笼上，且带有编号的线缆端部应支起至远高于支撑钢筋笼，以免混凝土浇捣时损坏线缆。钢筋计电缆一般为一次成型，不宜在现场加长。如需接长，应在接线完成后检查钢筋计的绝缘电阻和频率初值是否正常。要求电缆接头焊接可靠、稳定且防水性能达到规定的耐水压要求，并做好钢筋计的编号工作。

图 4.2-34　支撑监测点现场布设示意图

（3）数据分析处理原理

支撑轴力监测采用钢筋应力计进行监测，支撑被测断面的四侧对称埋设钢筋应力计，支撑受到外力作用后产生微应变。支撑钢筋轴力计算公式如下：

$$N = (E_c A_c + E_s A_s) \times \bar{\varepsilon} \tag{4.2-17}$$

然后根据支撑中混凝土与钢筋应变协调的假定，可得计算公式：

$$\varepsilon = \frac{k \times (f_i^2 - f_0^2)}{E_s A_{si}} + T_b(T_i - T_0) \tag{4.2-18}$$

式中：　　N——混凝土支撑轴力（kN）；

A_c、A_s、A_{si}——支撑截面混凝土面积、钢筋面积和被测主筋截面积（m²）；

E_c、E_s——支撑混凝土弹性模量、钢筋弹性模量（kPa）；

f_i——本次频率（Hz）；

f_0——传感器初始频率（Hz）；

k——钢筋应力计的标定系数（kN/Hz²）；

T_b——钢筋应力计温度修正系数（10^{-6}/℃）；

T_i——本次测试温度值（℃）；

T_0——初始测试温度值（℃）。

2）FBG 光纤光栅应力传感器

（1）仪器设备

FBG 钢筋应力计（图 4.2-35）利用光纤光栅作为微测力元件，通过轴向拉伸或压缩对传感器弹性敏感元件产生的作用力变化对光纤光栅波长的影响来测量钢筋轴力。光纤光栅钢筋应力计主要由弹性敏感元件段、固定焊接段、光纤引线及光纤光栅组成，具有无变径结构和长期稳定性好的特点。

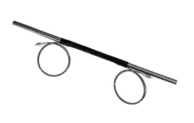

性能特点及技术参数	
参数类型	参数值
适用钢筋直径/mm	20　22　25　28　32　36　40　50
量程/kN	−200 ～ +300
分辨力	0.1%F.S.
光栅中心波长/nm	1510～1590
反射率	≥90%
产品长度/mm	600（长度可定制）
连接方式	熔接或FC/APC插接
安装方式	焊接

图 4.2-35　FBG 钢筋应力计及其技术参数

光纤光栅岩土型温度计绝缘安全设计，不受电磁干扰，可多点串联，成活率高，稳定性好，广泛应用于各类工程的表面及内部温度测量，可监测钢筋混凝土结构的内部温度，作为温度补偿校正。光纤光栅岩土型温度计实物图及技术参数见图 4.2-36。

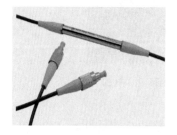

性能特点及技术参数	
参数类型	参数值
量程/℃	−40 ～ 200
分辨率/℃	0.1
光栅中心波长/nm	1510～1590
反射率/%	≥90
连接方式	熔接或FC/APC插接

图 4.2-36　光纤光栅岩土型温度计实物图及技术参数

（2）无线光纤光栅解调仪

NZS-FBG-A02 型无线光纤光栅解调仪（图 4.2-37）内置了快速可调谐激光光源模块，通过改变可调谐光源的输出波长，计算出 FBG 传感器的中心波长，客户端软件根据传感器的波长特征参数计算出光纤光栅传感器物理数值。该产品可用于长时间的现场测量，也可方便用户进行二次开发集成系统。多个传感器通道可以同时解调多条光纤上的传感器或进行通道分析。高度集成无线传输模块可根据现场环境和数据传输条件，采用无线通信将获得所有数据传送至客户端软件测试系统，进行监测分析。

图 4.2-37　NZS-FBG-A02 型无线光纤光栅解调仪

（3）测点布置

传感器具体布设位置应与振弦式钢筋应力计布设位置基本相同。

安装时在混凝土支撑的钢筋笼绑扎过程中，用焊接的方式将钢筋应力计取代四边中部的一段主筋，随钢筋笼一同浇筑在混凝土梁中。在基坑开挖过程中，钢筋应力计与混凝土支撑协同变形，通过计算 FBG 钢筋应力计的应变变化，即可得到钢箱梁对应位置的轴力监测数据（图 4.2-38）。

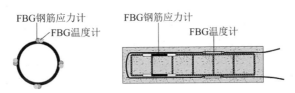

图 4.2-38　光纤光栅钢筋应力计监测法安装示意图

（4）安装工艺与保障措施

安装光纤光栅钢筋应力计前，首先用便携式光纤光栅解调仪检查传感器光谱和波长是否完好，传感器与标定证书是否对应，并做好安装位置、传感器编号、安装时间等安装信息记录。具体安装步骤如下：

①在钢筋笼主筋上选取安装位置，用卷尺量 60cm（根据钢筋应力计长度量取）并在主筋上做好标记。

②用电焊机将标记的主筋端切割下来。

③将光纤光栅钢筋应力计放在原主筋切割段的位置，两端用长为 20cm 短钢筋固定在主筋上，短钢筋与主筋及钢筋计各搭接 10cm，如图 4.2-39 所示。

④用电焊机将钢筋应力计、主筋与连接短钢筋之间的接缝满焊。电焊过程中用湿毛巾将钢筋应力计包裹住，并经常更换湿毛巾，防止下一步焊接施工过热损坏传感器（图 4.2-40）。

图 4.2-39　钢筋应力计固定　　　　　　　　图 4.2-40　钢筋应力计冷却

⑤焊接完成后，用便携式光纤光栅解调仪检测传感器是否正常，确认安装成功后记录光谱和波长，并做好引线保护工作。

⑥主光缆集成：在线路集成点处，将测点引线光缆与主光缆对接，使得不同点位的监测线路集成到一条或多条主光缆内，一同引入监测站（图 4.2-41）。主光缆同样通过混凝土围护挡墙或圈梁引至监测站，避免线路暴露在外。集成过程注意引线标记与识别，必要时一边集成，一边使用便携式解调设备进行数据采集，识别监测引线光缆与监测点位对应关系，避免标记错误。同时，注意线路集成的施工记录。

图 4.2-41　主光缆集成

⑦主光缆集成至监测站后，通过光纤接续盒或终端盒将主光缆每根纤芯熔接跳线，并对每根跳线进行标记。将标记好的跳线一一接入解调设备完成设备集成（图 4.2-42）。

图 4.2-42　监测站设备集成

4.2.11.2 地墙应力监测（密集分布式光纤光栅自动化）

1) 仪器设备

混凝土专用密集分布式应变感测光缆，采用内定点设计，实现空间非连续非均匀应变分段，配合密集分布式应变感测技术（FBG）使用，具有良好的机械性能和抗拉压性能，能与岩土体、混凝土等结构很好耦合。传感器安装便捷，同时能抵御各种恶劣工况环境。该光缆可用于围护墙（桩）应力应变监测，光缆实物和技术参数如图 4.2-43 所示。

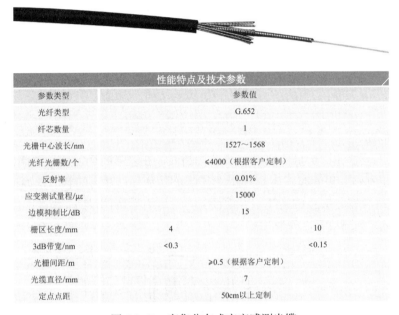

性能特点及技术参数		
参数类型	参数值	
光纤类型	G.652	
纤芯数量	1	
光栅中心波长/nm	1527～1568	
光纤光栅数/个	≤4000（根据客户定制）	
反射率	0.01%	
应变测试量程/με	15000	
边模抑制比/dB	15	
栅区长度/mm	4	10
3dB带宽/nm	<0.3	<0.15
光栅间距/m	≥0.5（根据客户定制）	
光缆直径/mm	7	
定点点距	50cm以上定制	

图 4.2-43 密集分布式应变感测光缆

测试采用的柜式密集分布式光纤解调仪，可同时采集上千个光栅点，系统集成度高。图 4.2-44 为解调设备实物图，表 4.2-7 为仪器主要技术性能指标。

图 4.2-44 柜式密集分布式光纤解调仪

解调仪性能参数表　　　　　　　　　　　　　　　　表 4.2-7

参数类型	参数值
通道数	16
波长范围/nm	1528～1568
波长分辨率/pm	1

续表

参数类型	参数值
重复性/pm	±5
解调速率/Hz	≥1
光学接口类型	FC/APC
每通道最大 FBG 数量	>4000
其他指标	
显示器类型	无显示屏
通信接口	RS232
供电电源	AC220V/50Hz
功耗/W	60W
工作温度/℃	0~45℃

2）测点布置

每幅地下连续墙（围护桩）选择 1 个监测断面，在监测断面的前后钢筋笼上布设光纤传感器，混凝土专用密集分布式应变感测光缆点间距为 1m，迎土面和开挖面形成一个 U 形布设。每条测线预留足够长的光缆引至地面，并最终引至解调设备，如图 4.2-45 所示。

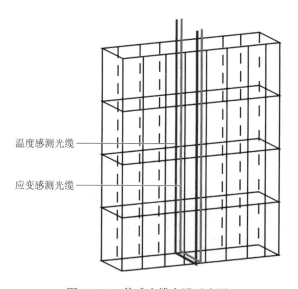

图 4.2-45　传感光缆布设示意图

3）现场安装与集成

在围护墙（桩）结构钢筋笼加工过程中，将定点密集分布式应变感测光缆、非金属高强密集分布式温度感测光缆绑扎在钢筋笼设计位置上。选择布设位置时需避开电焊、氧割和导管舱等易对光缆产生破坏的位置。具体施工工艺如下：

（1）墙（桩）底光缆外穿内径 8mm 高强 PU 管保护，防止混凝土浇筑或者桩身插入钻孔过程中受外力弯折破坏。底部 U 形拐弯处弯曲半径应大于 5cm，底部安装位置选择钢筋笼最底部一根加强筋位置。墙（桩）顶保护使用内径 50mm、长度 80cm + 40cm 定制不锈钢管进行保护，保护管外套 300mm 直径 PVC 管隔绝混凝土，不锈钢保护管固定位置为从钢筋笼顶部至第一道加强箍下 20cm 段。选择一根钢筋笼主筋通长挺直绑扎光缆，绑扎辅材选用 30cm 长尼龙扎带（图 4.2-46）。

图 4.2-46　现场施工保护图

（2）将光缆和保护层下放到开挖的沟槽内，浇筑成型。下放过程要求施工人员全程看守，防止钢筋笼下放过程中被电焊或氧割破坏。

（3）在破桩头阶段，需人工看守机械破桩头，或者改为人工破桩头。破桩头施工过后，及时将围护桩桩顶引线用 PU 管保护引至主光缆，并采用便携式光纤解调仪获取初值（图 4.2-47）。

图 4.2-47　桩头引线保护

（4）传感器安装施工过程中注意记录传感器安装位置、光缆拐点位置的标尺、有效段长度等安装信息，为后续系统集成提供依据。

（5）引线集成点集成：根据预先设计好线路集成图，将监测点位引线光缆沿着基坑结构引至集成点。引线光缆一般为 5mm 铠装引线。其中，引线线路应选取混凝土支撑、圈梁、混凝土围挡等结构内，避免因光缆暴露，被施工机械或开挖施工破坏。集成点由30cm×30cm×20cm 保护箱、光纤接续盒组成，集成点保护箱也应浇筑在混凝土围挡墙内，进行保护（图 4.2-48）。

图 4.2-48　集成点引线与保护

（6）主光缆集成至监测站后，通过光纤接续盒或终端盒将主光缆每根纤芯熔接跳线，并对每根跳线进行标记。将标记好的跳线一一接入解调设备完成设备集成（图 4.2-49）。

图 4.2-49　监测站设备集成

4.2.12　数字化监测新技术

4.2.12.1　全站扫描仪

高速影像全站扫描仪是将测量机器人、三维激光扫描和图像测量等多种技术集成于一体的一种测量设备，将全站扫描仪架设在一定高度的观测墩上进行扫描，进行快速自动竖向位移监测。应用高速影像全站扫描仪高度集成三维激光扫描技术、超高精度测量技术、数字影像、GNSS 技术，扫描速度最高每秒可达 30000 点，扫描精度可达 0.6mm@50m，可获取真实、完整（可对被遮挡的点位设置补测次数）的变形数据（图 4.2-50）。

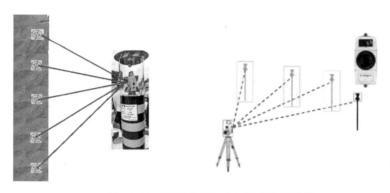

图 4.2-50　高速影像全站扫描仪扫描监测

4.2.12.2　视觉测量技术

视觉测量技术是基于机器视觉测量原理获取结构变形的监测技术，机器视觉测量本质上就是利用数字相机拍摄的图像进行自动化测量的一种技术。如图 4.2-51 所示，利用数字相机拍摄的数字图像，通过图像解析技术自动识别出测点和基准点标靶，并自动计算出标靶中心在图像坐标系上的坐标。从而可以计算出基准点和被测点距离水平光轴竖向距离，距离竖向光轴的横向距离。通过已知基准点和相机的大地坐标及图像解析得到的基准点参数，即可计算得到光轴在大地坐标系上的角度，从而精确计算到测点相对于大地坐标系的坐标。

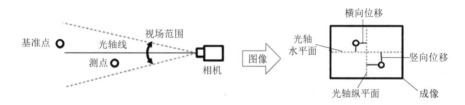

图 4.2-51　机器视觉测量原理

机器视觉测量具有温度稳定性和极高的精度，被广泛应用于自动化测量。机器视觉测量的精度和视场范围，可通过像元尺寸，像元数量，镜头焦距，和相机到被测标靶的距离（物距）计算得到。如表 4.2-8 所示，在同样条件下，检测精度越高，视场范围越小。

距离 30m 的检测精度和视场范围　　　　　　　　　　表 4.2-8

传感器像元尺寸/μm	1.67	1.67	1.67	1.67
像素	3856	3856	3856	3856
物距/mm	30,000	30,000	30,000	30,000
镜头焦距/mm	50	70	80	100
视场范围/mm	3,864	2,760	2,415	1,932
检测精度/mm	0.10	0.07	0.06	0.05

视觉测量系统满足工程中高精度、无线化、高性能、低功耗、长距离的测试要求，相关性能参数如表 4.2-9 所示。

视觉测量系统性能指标参数

表 4.2-9

分类	项目	指标值	备注
监测指标	监测精度	0.17″	0.08mm/100m，0.42mm/500m
	测点间距	0.6～500m	10cm 靶
	监测周期	1h	可任意设定
性能指标	电池容量	1 年	不充电条件下
	电池充电	太阳能	
	防水	OK	
	防腐	OK	外壳及电子电路均进行三防处理
	防潮	OK	
	布线要求	无	电池供电，信号无线传输，无需布线
	振动影响	无	同步监测瞬时状态
	温差影响	无	光测量，不存在温差影响
	工作温度	−10～60℃	
	设计寿命	10 万 h	监测设备

基于视觉测量的变形解算方法如图 4.2-52 所示，假定该测段中间布置 3 个视觉测量相机，两端的测点 1 和测点 5 为参照点，各布置一个视觉测量灯靶。中间 3 个视觉测量相机可以利用自己的光轴分别测量相邻两侧的视觉测量相机或视觉测量灯靶的相对位置。

图中 Y 轴代表横向，Z 轴代表竖向，X 轴代表纵向。图 4.2-53 为 XOZ 平面的投影，用于检测计算 Z 轴方向各测点的位移。同样原理，可以在 XOY 平面检测计算 Y 轴方向各测点的位移。以下，仅以 XOZ 平面的投影，检测计算 Z 轴方向各测点的位移为例进行说明。

以测点 3 位置上视觉测量相机为例，对利用视觉测量相机监测相邻测点夹角进行说明。如图 4.2-54 所示，测点 3 位置上视觉测量相机两侧的相机可以拍到左侧测点（测点 2），及右侧测点（测点 4）的 LED 灯靶图像，即可计算出测点 2 及测点 4 相对于测点 3 的相对位移 h_1 和 h_2，即可计算出测点 2 和测点 3 连线与测点 3 和测点 4 连线的夹角 φ_3。

同理，可以得到测点 2 的夹角 φ_2，测点 3 的夹角 φ_3，测点 4 的夹角 φ_4，如图 4.2-55 所示，形成一根折线，该折线形态在空间上不受坐标系影响。

如果以左右两端的测点（测点 1 和测点 5）为参照点建立坐标系，即可计算出相对该坐标系的各个测点的坐标值（图 4.2-55）。

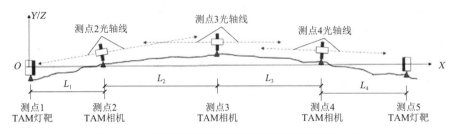

图 4.2-52　基于视觉测量相机的长距离测试原理（1）

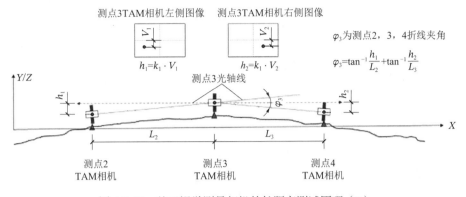

图 4.2-53　基于视觉测量相机的长距离测试原理（2）

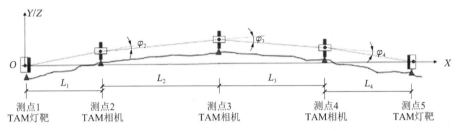

图 4.2-54　基于视觉测量相机的长距离测试原理（3）

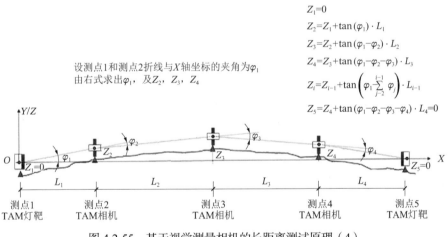

图 4.2-55　基于视觉测量相机的长距离测试原理（4）

4.2.12.3　合成孔径雷达

非接触式测量主要包括激光雷达扫描、摄影测量、星载干涉合成孔径雷达等技术（图 4.2-56）。近景摄影测量和激光扫描测量的形变测量精度都较低，在天气恶劣时测量精度会进一步下降，且难以实现全天候测量。星载干涉测量的缺点是时间采样率较低，大约几天甚至更久的时间重复观测一次，不能对变形监测区进行实时形变监测。

近些年来，地基合成孔径雷达（Ground Based Synthetic Aperture Radar, GB-SAR）在监测地表形变方面已经成为星载合成孔径雷达、GPS 及其他常规形变监测方法之外又一个有力的监测工具，尤其是对于小范围区域的形变监测，如滑坡监测、露天矿场边坡监测、大坝边坡及形变监测、建筑物形变监测等。与传统的形变测量方式相比，GB-SAR 属于非接触式测量，可以对测量人员无法到达的危险区域进行形变测量。GB-SAR 和星载 SAR 相比，可以灵活选择安放位置，具有全天时、全天候连续监测能力，可以根据监测区域的形变特征安排数据采集的时间，也可以进行时间间隔很短（小于 2min）的连续监测。

图 4.2-56　非接触式变形监测

GB-SAR 是一种地基的雷达遥感成像系统，主要设备一般包含雷达和滑轨，雷达用以发射和接收微波信号，滑轨供雷达进行往复运动，然后通过合成孔径雷达技术进行成像。滑轨的长度决定了所生成影像的方位向分辨率的高低：轨道越长，方位向分辨率越高。获取的影像为复数据，其中既包含了强度信息也包含了相位信息（图 4.2-57）。强度信息主要用来解译监测场景并研究其散射特性，相位信息用来获取监测区的形变情况或生成数字高程模型（Digital Elevation Model, DEM）。根据 GB-SAR 干涉测量技术，利用干涉相位可以获得监测区域的形变和 DEM。GB-SAR 可以进行高精度的形变测量，监测距离能达到数千米。

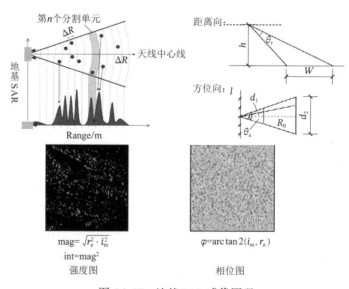

图 4.2-57　地基 SAR 成像原理

GB-SAR 干涉测量技术的数据处理和分析通常包含影像配准、计算干涉图和相干图、永久散射体（Permanent Scatter, PS）选取、相位解缠、大气延迟相位估计及去除、形变量计算和地理编码等步骤；在基本步骤的基础上，结合实际情况，可以采用不同的流程和方式进行数据处理，如小基线集技术等（图 4.2-58）。

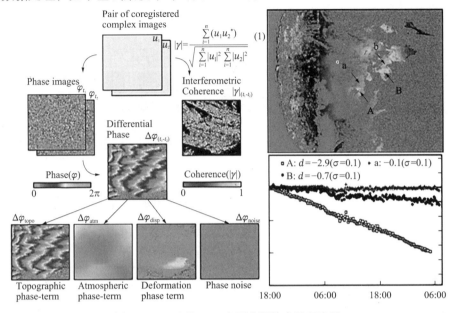

图 4.2-58　地基 SAR 变形监测技术处理流程

GB-SAR 用于变形监测最早始于 1999 年，Tarchi 等人利用 GB-SAR 对大坝进行了监测。第 2 年，又对意大利的古建筑进行了监测，并验证了形变监测结果的可靠性。此后，GB-SAR 陆续应用到其他领域。2003 年，Tarchi 利用 GB-SAR 监测了意大利的 Tessina 滑坡；2005 年，Noferini 等人使用 GB-SAR 对意大利的 Citrin 山谷中的一个滑坡进行形变监测；2007 年，Luzi 等人使用 GB-SAR 对意大利阿尔卑斯山的 Belvedere 冰川进行了监测；2018 年，Wang 等利用 FastGBSAR 对英国的一座桥梁进行了形变监测（图 4.2-59）。

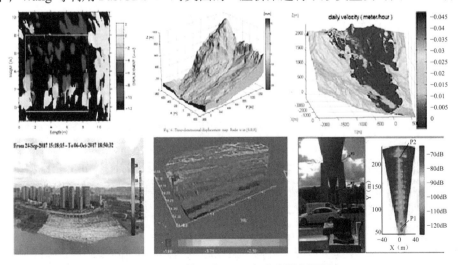

图 4.2-59　国外地基 SAR 变形监测应用研究

国内学者中，武汉大学、河海大学和中国矿业大学的研究人员将地基SAR技术广泛应用于边坡施工监测和滑坡应急监测等领域。国内相关行业单位中，北京城建院采用地基SAR技术进行桥梁挠度监测并取得了良好的监测效果；北京测绘院则在矿区边坡监测中采用地基SAR系统获得了整个矿区的变形情况；而中国铁路设计集团则是在常规基坑工程项目中采用地基SAR系统进行了变形监测的技术尝试（图4.2-60、图4.2-61）。

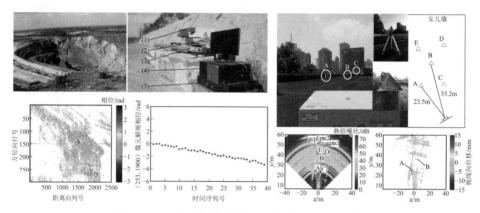

图4.2-60　国内学者地基SAR变形监测应用研究

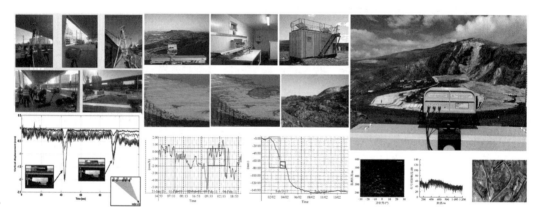

图4.2-61　行业单位地基SAR变形监测应用研究

4.2.13　自动化监测系统硬件

4.2.13.1　自动化监测硬件要求

自动化监测硬件系统包括数据自动采集、传输、存储等功能，应具备在各种气候条件下实现实时监测的能力。一般情况要求自动化监测硬件有如下能力：

（1）硬件系统应具备数据备份，故障上报功能，宜具备数据补发、异常自动恢复等功能。

（2）对于工程环境中的监测硬件系统应加以防护，并具备一定的IP防护等级，防止外部破坏及环境因素引起的设备损坏。

（3）具备一定的自我健康诊断、远程运维交互与管理能力。

（4）数据采集硬件应具备自报式数据上传功能，按设定的时间自动进行定时测量及数据上报；同时，宜具备主动式数据上传功能，通过远程指令控制设备进行即时数据采集与上报。

（5）硬件系统可具备远程固件升级（OTA）功能。

结构安全监测从业单位主要是勘察设计研究单位，主要通过设备采购、专业咨询，提供一体化解决方案。然而，由于监测仪器厂商的行业角度和服务目的不同，提供的系统仪器和传感器功能和使用性能差异性大，各类数据接口存在不同标准，互通性差；与其配套提供的自动化采集系统仪器厂商也各自独立开发了与其公司相适用的监测软件，其数据访问接口、格式单一，以自己品牌产品的数据采集为主，对其他厂商的传感器兼容性差，且离线化的模式难以进行数据融合分析；国内外一些信息化企业近年陆续开发了专项的监测软件，可视化和交互功能主要以数据传输为主，但仍与监测的业务结合不紧密，缺乏专业的业务表达，信息传递方式单一，缺少岩土、结构工程理论知识支撑，缺乏风险管理功能，难以符合现行专有技术规范和管理流程实现业务协作和数据共享，不同数据源难以跨平台访问，不能满足各个运营保护对象的差异化特性需求。

基于以上城市重大基础设施运营安全监测的特性需求，需要形成统一控制终端和通信协议的多源传感器集成系统，实现结构沉降、收敛、位移、倾斜、裂缝等形变多源传感器集成的自动化测量，集成激光测距仪（收敛）、倾角计（倾斜）、测量机器人、静力水准仪（沉降）、电子水平尺（沉降）、裂缝计、温度计、振动计等多类型号的设备，解决传统 CS 架构的跨平台远程访问的数据离散问题，提高数据传输效率，进行即时控制监测，改变传统测量方式，降低人员安全风险的同时也节省人工费用，有效降低成本和风险。

不同厂家不同类型传感器的持续接入，系统会逐渐趋于臃肿，难以维护；更多传感器被接入，也对现有系统架构的兼容性将提出更高要求。系统面向单一应用场景，难以满足行业及规范的现行规定，难以凸显不同业务类型的技术特点。

微服务作为一个新兴的软件架构，它是把一个综合系统服务按业务功能拆分为多个独立的组件式应用模块，这些应用模块可独立地进行开发、管理，服务间使用轻量级 API 通过明确定义的接口进行通信。微服务是围绕业务功能构建的，每项服务执行一项功能，由于它们是独立运行的，因此可以针对各项服务进行更新、部署和扩展，以满足对应用程序特定功能的需求。此种服务架构给目前的技术困境提供了一个较好的突破路径。

4.2.13.2　架构设计和实现

系统的物理层面由 5 个部分组成：传感器、采集器（工控机）、网络路由、服务器、终端管理。典型的数字化监测系统逻辑框架图如图 4.2-62 所示。

（1）传感器是直接采集测量数据的终端设备，安装在监测对象的结构上。传感器与采集器的连接分为有线连接和无线连接。

（2）采集器（工控机）安装在前端现场，控制传感器采集时点、频率和数据临时储存。一台采集器设备可连接同类或多类、从数个到数百个传感器。采集器通过网络与服务器同步测量数据和各项配置。

（3）网络路由器是采集器与服务器之间的连接装置，通常采用的移动网络路由器可以插入移动通信的上网卡，采用 LTE（即通常所说 4G）等网络连接至公网。移动网络路由器本身可以发射 Wi-Fi 信号，供数据采集器连接，也可以用 RJ45 网线与工控机连接。采集器与服务器之间也可直接采用网线、光纤等物理连接。

（4）服务器是管理所有一体化智能终端的中枢，一方面，通过公网与所有联网的一体化智能终端维持网络连接，达到实时测量实时返回数据的效果，服务器上的数据库也存储了一体化智能终端的配置、测量计划、历史测量数据等信息，与一体化智能终端保持同步；另一方面，通过服务器用来转发用户操作和一体化智能终端消息到浏览器。

（5）终端管理提供用户控制数据采集和数据展示的浏览器界面，包括发送测量命令、修改配置、查询测量数据等功能。

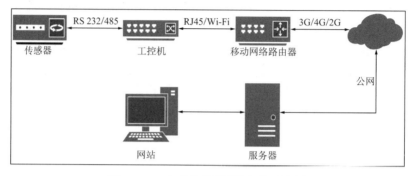

图 4.2-62　自动化监测系统架构示意图

4.2.13.3　硬件系统的安装及保护

1）硬件系统的安装

对有相对位置和方向要求的监测设备的安装，在现场放样时，应严格控制传感器坐标位置。监测设备的安装支架应埋设牢靠，水平度和垂直度应满足设计要求。在线监测系统安装过程中，应对系统设备进行参数标定和相应的参数配置，并做好详细记录。监测设施更新改造工程，在安装自动监测传感器时，尽量不破坏原有可用的监测设施。自动化监测系统调试时，宜与人工监测数据进行同步比测。

2）硬件系统的保护

考虑到现场条件，自动化监测硬件首选电池供电，并可通过太阳能或者市电进行充电，为避免受电源波动过大的影响，电池模块应有稳压及过电压保护、断电保护等功能。同时，系统应有可靠的防雷电感应措施，系统的接地应可靠，接地电阻应满足电气设备接地要求。

3）硬件系统的维护

设置在现场的所有监测设备、设施，应在适当位置设置标识牌并具备警示标志；并应经常或定期进行检查、维护。监测单位应建立仪器、仪表设备档案，应做好定期检查与维护，做好正式记录和留档。

4.3　集成应用案例一：天安基坑数字化监测与三维监控平台

4.3.1　平台概述

在城市建设中，要充分发挥监测成果的作用，必须做到监测成果的信息化、集成化。天安监测监护智能化管理系统实现了对工程的地质勘察、设计、施工进度等资料和测点信息、监测仪器、监测数据、周边建筑物等有关资料进行全面集成管理，并在此基础上实现信息的存储、分析处理、查询及成果显示、输出自动化以及预测、预警等功能，使该系统成为工程数据平台、安全管理平台、工作管理平台。

平台由三个子系统组成：工程发布浏览系统、移动监测系统和项目管理后台系统。平台提供现场监测数据采集、远程数字化监测、数据处理及报表生成、预报警分析提醒、云端数据管理、监测成果发布、手持移动终端查询管理及多工程监控的一体化解决方案。

4.3.2　工程发布浏览系统

"新天安信息化管控平台"（图 4.3-1）针对监测信息的 Web 发布与浏览，主要包括风险预警、项目总览、监测数据、实时监控、工程进展、报表管理、数据管理等模块。

图 4.3-1　平台主界面

部分系统功能介绍如下：

（1）项目总览

点击首页"项目总览"模块，进入项目总览，查看项目在地图上的位置，如果有多个项目则可以查看项目分布情况（图 4.3-2）。

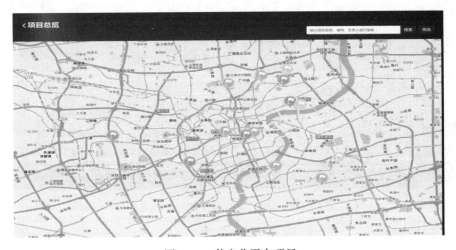

图 4.3-2　信息化平台项目

地图中，项目当前风险情况分别用灰、绿、黄、橙、红五种颜色表示。灰色代表未判定，绿色代表安全，黄色代表轻微风险，橙色代表预警，红色代表报警。

点进某个项目图标后，可以查看"项目名片"，可查看项目基本信息、安全预警信息以及当前施工工况（图4.3-3）。

图4.3-3　项目名片

点击"进入项目"后可查看该项目详细信息，包括项目信息、监测数据、可视化图形、风险预警、现场巡查记录、文档、报表、通知（图4.3-4）。

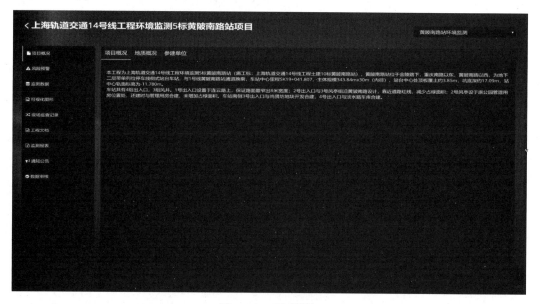

图4.3-4　项目详情

（2）风险预警

点击首页"风险预警"模块，进入风险预警，查看各项目当前数据报警情况（图4.3-5）。

点击进入某个项目后，可以查看一段时间（一个月、三个月）或当前所有数据的报警情况（图 4.3-6）。

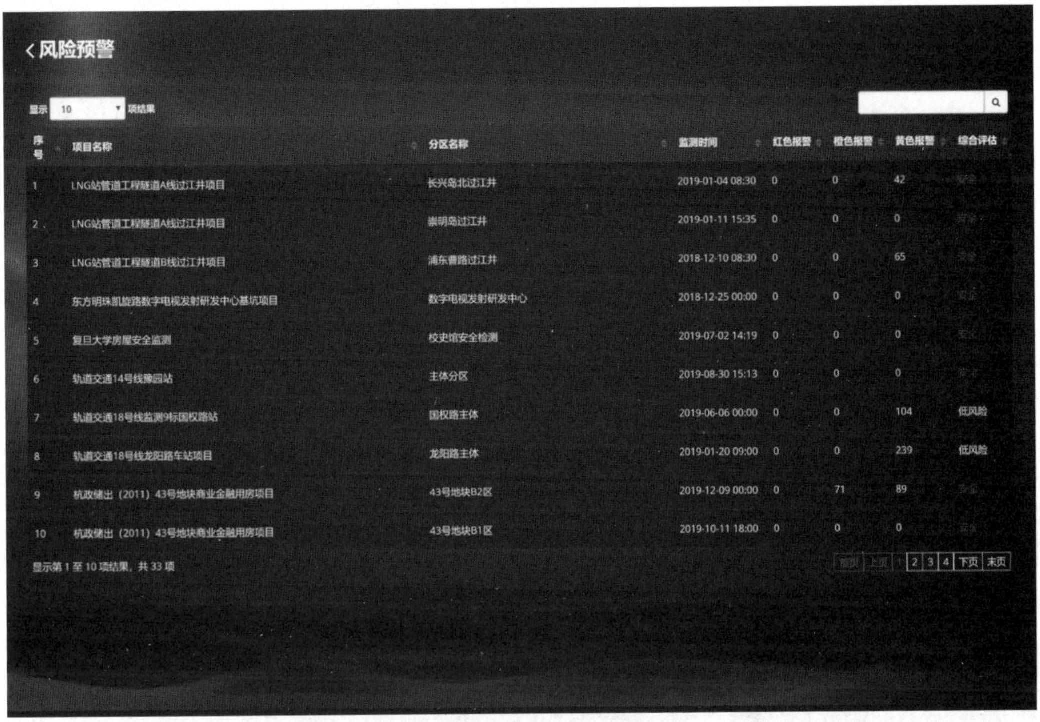

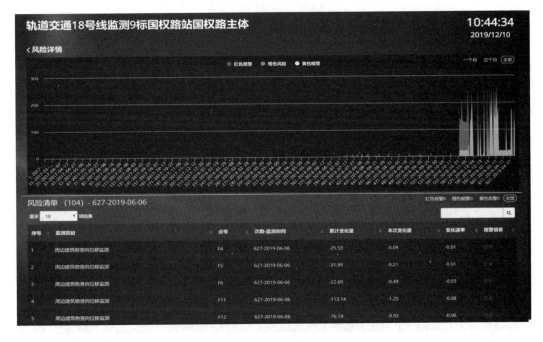

图 4.3-5　风险预警汇总

图 4.3-6　项目数据报警情况

（3）监测数据

点击首页"监测数据"模块，进入监测数据，查看人工监测数据上传情况。

页面打开后左侧是监测项目列表及报警点统计，右侧是最新一次的监测数据总评表（图 4.3-7）。

点击左侧的项目名称，可以查看该项目的详细数据情况（图 4.3-8）。

点击某个测点名称后，可以在下方查看测点变化时程曲线，并且可以同项目多测点曲线叠加（图 4.3-9）。

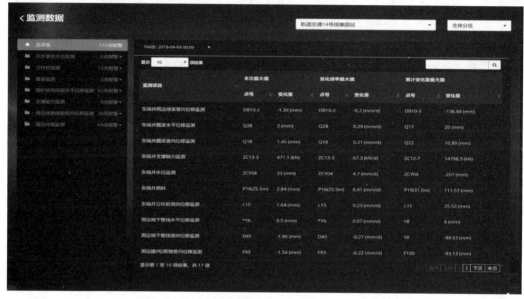

图 4.3-7　监测数据总评表

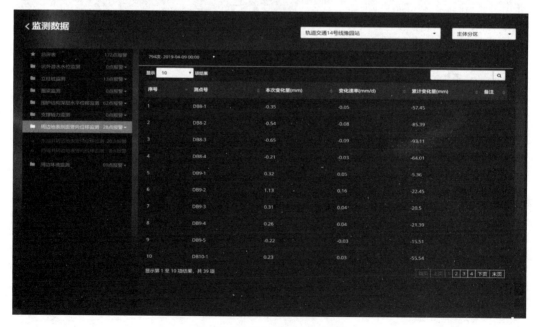

图 4.3-8　单个监测项目详情

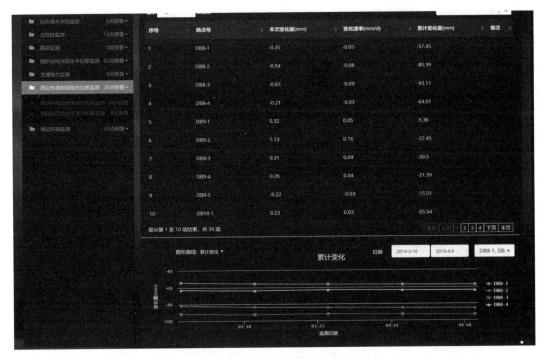

图 4.3-9　测点历时变化曲线及曲线叠加

（4）实时监控

点击首页"实时监控"模块，进入实时监控模块，查看自动化数据（如有）情况（图 4.3-10、图 4.3-11）。

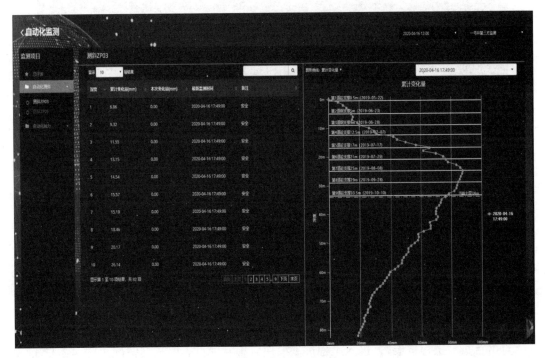

图 4.3-10　测斜实时监控

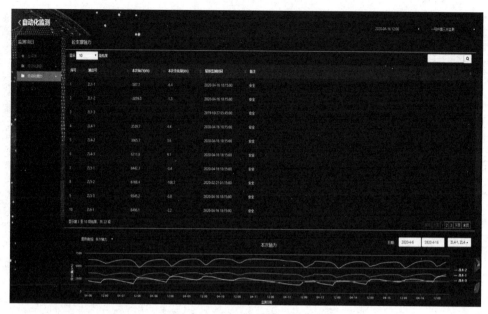

图 4.3-11　支撑轴力实时监控

（5）报表管理

点击首页"报表管理"，进入报表管理模块，查看已生成的监测日报、阶段报告、总结报告（图 4.3-12）。

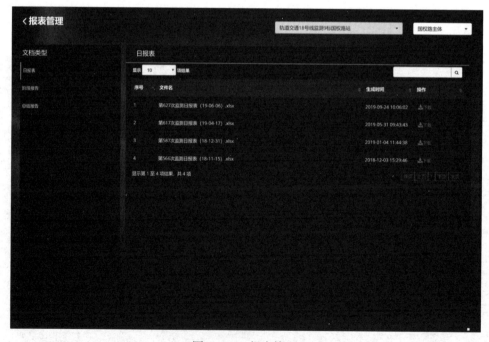

图 4.3-12　报表管理

（6）工程进展

点击首页"工程进展"，进入工程进展模块，查看项目工况进展情况（图 4.3-13），如果现场上传了工况照片，也可以查看工况照片。

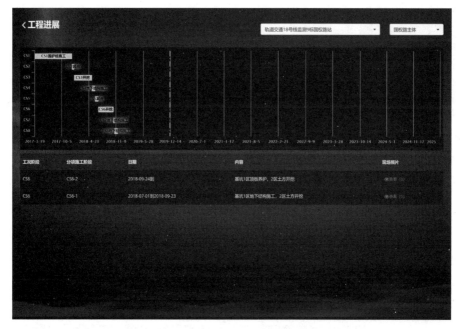

图 4.3-13　工程进展

4.3.3　移动监测系统

天安监测手机端主要是在天安监测客户端的基础上对监测数据及其相关信息的移动端即时查看和了解，主要包括地图定位、首页、监测数据、施工工况、现场巡查、工作量统计、发布统计、安全预警、通信录、话题十个模块。部分系统功能介绍如下：

（1）地图定位

登录系统以后进入工程列表界面，可以点击右上方的按钮切换成地图模式查看（图 4.3-14）。

图 4.3-14　移动端地图定位

图 4.3-15 工程首页

（2）首页

选择工程，进入到工程"首页"界面（图 4.3-15）。界面上方显示该工程的最新一次报警颜色，中间是功能切换按钮（监测数据、施工工况、现场巡查、工作量统计、发布统计），下方是工程最新动态，点击页面左上方的返回箭头，可以返回工程类型界面，重新选择工程查看。

（3）监测数据

点击"监测数据"查询监测数据页面。监测数据中可以关注相关测点，点击进入页面后首先看到的是已关注的测点。可以切换到"监测数据"页签查看每个监测项目最新一次报警的点号，可以点击点号进入测点曲线页面，也可以点击监测项目右侧的">"查看监测项目的测点列表，可以在测点列表中点击测点查看测点曲线，也可以点击右边的收藏关注该测点（图 4.3-16）。

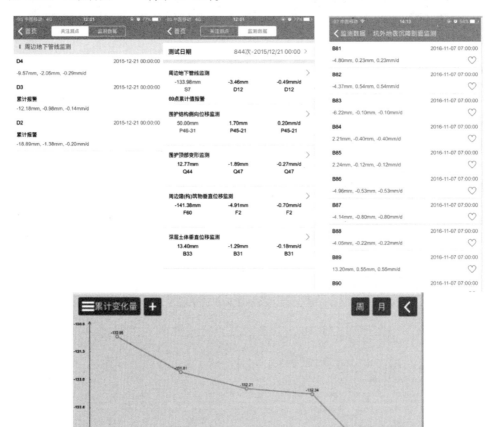

图 4.3-16 监测数据与曲线

（4）施工工况

点击"施工工况"按钮，可以查看工况情况（图 4.3-17）。

（5）现场巡查

点击"现场巡查"按钮，对即时施工情况、巡视发现的异常情况进行查看（图 4.3-18），也可直接通过手机的摄像头进行现场巡视照片的采集。

图 4.3-17　施工工况

图 4.3-18　现场巡查

（6）工作量统计

点击"工作量统计"按钮进入查询工作量统计页面。可以查看每个监测项目下有多少个测点的统计，还可以选择多次叠加统计（图 4.3-19）。

（7）发布统计

点击"发布统计"查询总共发布次数以及可以查看发布的准时程度（图 4.3-20）。

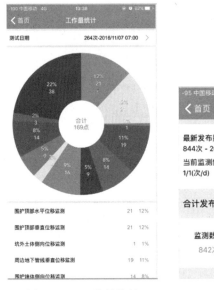

图 4.3-19　工作量统计　　　　　　图 4.3-20　发布统计

（8）安全预警

点击"安全预警"进入该模块。本功能模块对项目的安全预警进行分析管理，内容包括：当前项目综合报警状态、监测数据报警状态、现场巡查风险情况及项目历史预警情况。可以点击日历左右两侧的"<""">切换月份进行查看（图 4.3-21）。

图 4.3-21　安全预警

4.3.4　BIM 管理平台

天安平台通过 BIM 技术二次开发，建立适用于勘察、地下管线物探、岩土工程监测及设计咨询等专业应用的 BIM 应用技术标准，研发数据驱动的三维地质、三维测点自动化建模技术，关联各类岩土工程信息，构建了基于 BIM 的岩土工程风险预警数字沙盘系统，为地下空间工程施工阶段提供工程参建各方团队以及建设主体基于三维可视化模型的多方无障碍的信息共享、传递和辅助决策的平台，跨越各分支专业信息的鸿沟。BIM 管理平台可以对接甲方提供的建设管理信息化平台进行分析管理。

岩土工程风险预警数字沙盘系统基于统一的岩土工程 BIM 应用技术标准及信息化管理体系要求建立，其应用框架包含了数据层、服务层、业务层、用户层等，如图 4.3-22 所示。数据层主要指各工程建设专业领域技术人员利用先进设备、建模软件等建立或获取的与基础施工相关联的几何信息及非几何信息，并通过云数据库对各类信息资源实现统一管理；服务层主要向业务层提供三维引擎服务用以实现 BIM 的三维图形渲染、提供数据分析与挖掘模型实现监测数据的预报警、提供信息查询接口供各功能模块调用等；业务层建立沙盘系统操作主界面，在实现岩土工程 BIM 的轻量化展示基础上，提供模型漫游、属性查询、监测树、结构树、风险树、监测曲线、工况模拟、模型剖切及承压水查看等功能；用户层主要包括建设单位、勘察单位、设计单位、施工单位、监理单位、监测单位等各参建方，沙盘系统作为工程信息化管控平台的子系统，由平台提供统一的登录入口，实现系统的用户访问。

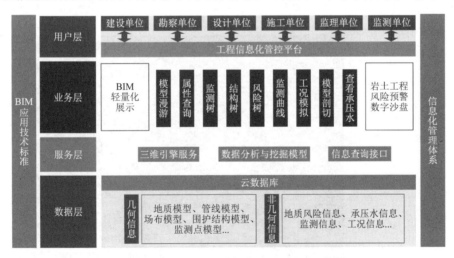

图 4.3-22　岩土工程风险预警数字沙盘系统框架

4.3.4.1　BIM 信息模型创建

1）监测点族模型

根据国家标准《建筑基坑工程监测技术标准》GB 50497—2019、《城市轨道交通工程监测技术规范》GB 50911—2013 及监测实施方案要求进行监测点族的分类创建。基于 REVIT 软件，采用公制常规模型创建监测点族。创建时根据项目实际需求，在测点模型相对尺寸、外形及属性设置上进行标准化设计。外形方面，大部分的监测点族是在监测点原型的基础上进行适当简化，为了提高监测点族在监测信息模型中的辨识度，尺寸可以相应调整；另一部分的监测点族则是示意性表达。属性信息设置方面，为满足后期模型集成、交互及应用要求，设置参数包括但不限于测点编号、测点埋设日期、初值监测日期、测点坐标、测点状态、测孔半径、测孔深度、测点间距、被测对象、数据获取方式等。部分监测点族如图 4.3-23 所示。

图 4.3-23　部分监测点族示意图

2）监测点位布设

在已有的监测对象模型上，根据监测布点图依次布设监测点位模型，并按要求录入测点属性信息。此外，根据现场实际情况对测点模型位置进行适应性调整，如设置埋设深度，确保管线监测点模型与管线模型在空间位置上的关联性；调整监测点在场地布置模型上的标高及位置，使其不被遮挡等。当项目监测点模型的类型和数量较多时，需利用 GeoTBSBIM 监测版软件进行布点。监测点模型布设如图 4.3-24 所示。

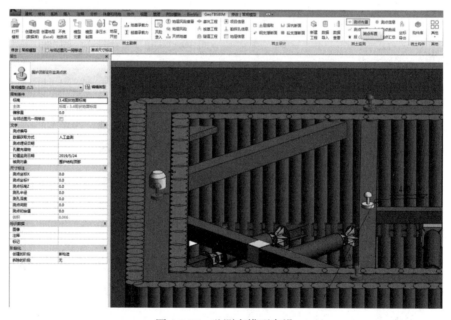

图 4.3-24　监测点模型布设

3）测点模型属性信息添加

在创建监测点模型的时候，已经添加了部分属性信息，包括测点编号、测点名称等。在监测实施的过程中，监测点的属性信息可能会发生变更，这就需要对测点模型的属性信息进行增、删和改，以便满足项目的要求。

4）测点模型位置与属性信息更新

监测实施过程中，根据调整的监测方案对监测点的状态进行更新，也需要对信息模型进行及时更新，保证监测点模型的数据与监测方案保持一致。测点模型的更新包括测点位置和属性信息的更新，还包括监测点模型的增加和删除。

5）模型集成

将各类工程监测相关模型基于统一位置进行模型拼接，并根据工程范围进行地质模型开挖与地下结构模型替换，形成地面与地下一体化模型，准确表达工程结构在地下空间的位置。

4.3.4.2 数字沙盘风险管控系统

1）天安监测系统应用与数据对接

将岩土工程风险预警数字沙盘系统和天安监测系统进行集成，实现了天安监测系统中的监测数据与数字沙盘的无缝连接，可以将天安监测系统中的监测数据实时地在数字沙盘系统中进行展示。

2）数字沙盘系统 Web 端部署

（1）监测模块

通过开发数据接口及图形化显示界面，实现监测点模型与人工监测数据及自动化监测数据的动态关联，大幅提升监测数据的时效性、可阅读性及可追溯性，帮助实现基于 BIM 的信息化施工（图 4.3-25～图 4.3-28）。

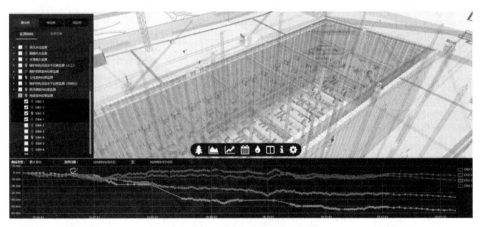

图 4.3-25 沉降监测曲线对比查看

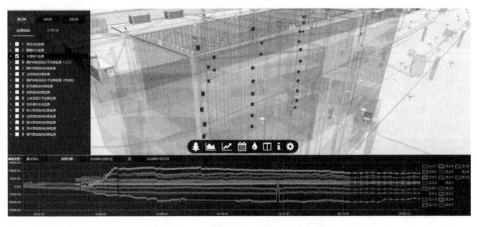

图 4.3-26 轴力监测曲线对比查看

113

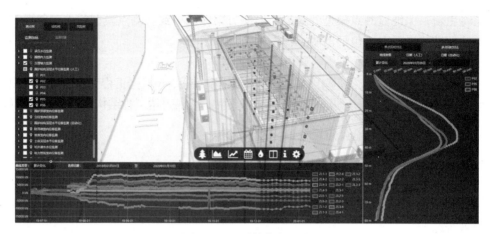

图 4.3-27　测斜曲线查看

图 4.3-28　立柱隆起曲线查看

（2）工况模块

结合施工工况信息，实现岩土工程监测信息模型施工流程可视化。在视图中，可以展示该工况下的模型状态。同时，可以按照进度顺序播放施工动画，用于了解工程进度情况，如图 4.3-29 所示。

(a)

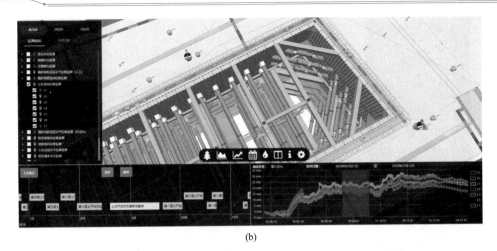

(b)

图 4.3-29　工况展示

（3）报警模块

监测点的状态会随着监测过程的实施而发生变更，当监测值超过一定数值时，监测点模型的颜色会发生变更，如图 4.3-30 所示。数字沙盘系统通过三维可视化的方式实时显示监测点状态，并将监测点的状态反馈给项目各方，实现项目风险的控制。

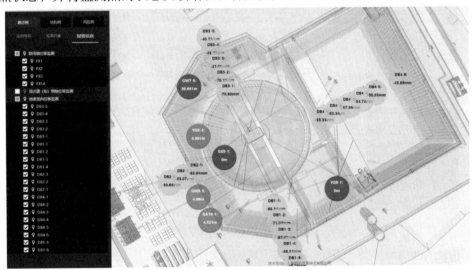

图 4.3-30　预警模块

（4）场地土层与地下水模块

数字沙盘系统的地质模块在网页端直观查询地层及勘探孔模型，如图 4.3-31～图 4.3-34 所示，可在三维场景条件下，通过点选或剖切查询土层在基坑工程、桩基工程等面临的风险信息。在地下水模块中用不同的外观颜色代表不同的承压水层，其中非承压水的地层变成灰色，承压水的地层以指定颜色表示，如图 4.3-31 所示。

3）数字沙盘系统移动端部署

为了扩大岩土工程风险预警数字沙盘的应用，将数字沙盘系统在移动端进行了部署，使得用户可以在移动端直接查看监测项目的信息以及监测模型等，实现了数字沙盘系统在移动端的应用（图 4.3-35）。

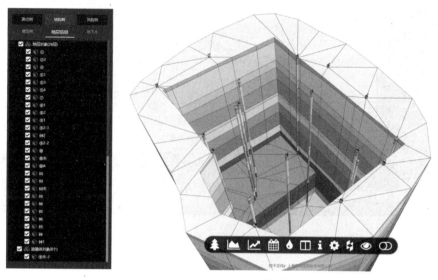

图 4.3-31　场地土层模块

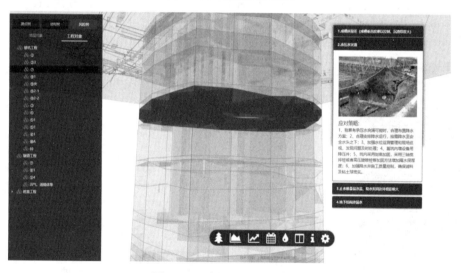

图 4.3-32　场地土层风险信息

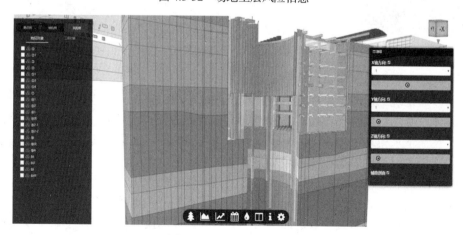

图 4.3-33　场地土层剖切

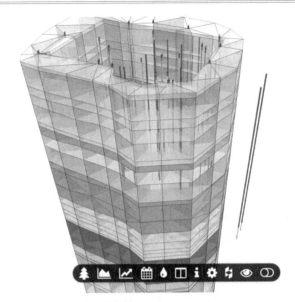

图 4.3-34 地下水模块

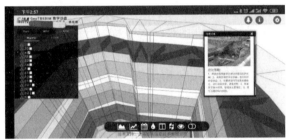
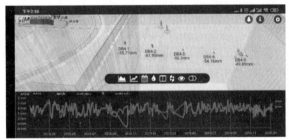

图 4.3-35 移动端应用

4）沙盘应用系统维护

针对岩土工程风险预警数字沙盘提供系统的应用，提供技术支持及数据维护工作等，确保系统平台稳定运行。

4.4 集成应用案例二：云图地铁信息化监护平台

4.4.1 概述

轨道交通是重要基础设施，一旦发生结构安全事故与风险事件，会造成巨大经济损失和社会负面影响。因此，需要加强轨道交通保护区管理。轨道交通的投资额巨大，日均客流量大，轨道交通建设管理和运营安全受到高度重视。目前，上海轨道交通运营里程已达831km，工作日客流超过1100万，占公共交通出行比例已超过50%，轨道交通正常运行关系到城市正常运转。

城市轨道交通多采用地下结构，受地质条件、施工质量、施工扰动、内外部荷载变化、列车发车密度及周边工程建设等综合因素影响，土建结构的整体受力和变形十分复杂。因风险意识淡薄、管理不到位、违规施工等对轨道交通结构造成重大影响的事件时有发生。上海的复杂地质条件和周边环境，以及地铁沿线实施的数以百计的工程施工，导致建设和投入运营的轨道交通结构可能出现诸多病害（如渗水、管片破损等），可能引发列车停运、结构损伤等风险事件或严重事故，给轨道交通的运营安全带来了严峻挑战。必须在过程中加强对轨道交通的监护管理，尤其是应杜绝违规土方堆载、未经批准的勘探钻孔或桩基施工、近距离基坑施工及降水等违规施工，否则可能对轨道交通的结构和轨道的平顺性造成严重影响，导致巨额的工程资金及施工时间浪费。

传统的作业方式和数据管理方式，难以实现对地铁保护区的全覆盖监管和全过程风险管控，管控效率难以满足要求。现阶段，针对轨道交通的结构病害检（监）测主要分为横向变形、纵向变形及病害巡查等，存在问题包括：①病害调查和测量工作，大量依靠人工作业；②数据集中管理困难，大多数为分散的报表、报告或图纸等资料；③缺少专业数据分析工具，难以分析多个项目、长时间段、不同工况、不同来源的工程数据；④预警提示主要依靠单一指标，综合指标的预警提示主要依赖于专家经验；⑤测量成果形式主要为Excel报表、CAD图件、现场图片、报告文档等，具有非结构化存储、数据共享困难、分析标准不统一、预警提示难、管控效率低下等诸多不足。

多源数据的支撑和信息技术的发展，使得"立体感知"理念和技术日趋成熟，具备工程应用和信息化建设的条件。目前，商业卫星影像分辨率可达0.5～2m，低空无人机航拍设备价格低廉，普通智能手机即可实现全景影像采集，自动化监测传感器也可通过网络实现在线远程监测，隧道移动激光扫描技术可以3～5km/h的速度快速作业。此外，传统人工监测作业也基本实现电子设备采集和记录，具备了较为完善的信息化条件，并且实现了"空中-地面-隧道"的立体数据采集、实时数据传输、标准数据存储和初步信息集成。卫星影像、地面移动全景摄影、自动化传感器等新的数据源效率比传统方式高出很多倍，迫切需要通过新技术来提升维护保障效率，降低维护保障综合成本。对于从事轨道交通维护保障专业服务的中小企业，在新技术的研发和投入方面的经费有限，技术升级和信息化建设存在一定的瓶颈，也需要通过行业信息化共享的方式来提升生产效率。

4.4.2 系统总体设计

4.4.2.1 系统设计目标

结合城市运营轨道交通结构安全保障和健康维护的重大需求，针对如上海软土地区超大规模轨道交通结构运营监控体系存在"信息碎片化、数据集成难、大数据挖掘与智能预警不足"的现状，基于"运营轨道交通结构安全立体感知"理念开发本信息服务管理系统。该系统目标支持来自"空中＋地面＋地下"的卫星及低空遥感影像、地面移动全景摄影、三维激光扫描、多源自动化传感器和精密工程测量等多源数据的集成管理，并通过大数据算法，实现结构安全状态评估和风险预测，满足轨道交通结构安全监控"集成、高效、智能"的精细化管理要求，为轨道交通运营维护保障行业提供便捷可靠的数据管理和工程信息化服务。

立体感知的理念，旨在通过集成空中（卫星、无人机）、地面（全景影像、人工巡检）、地下（精密工程测量、自动化传感器、移动激光扫描等）信息源，形成一套标准化、高效的数据接口、信息集成、处理分析和可视化界面，拓展专业技术人员对结构安全监测数据的理解和认知，如图 4.4-1 所示。

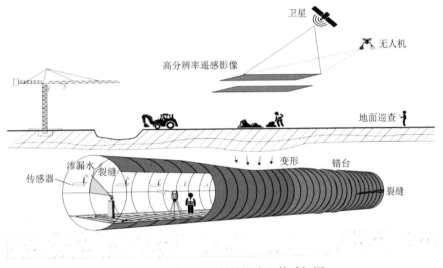

图 4.4-1　轨道交通结构安全立体感知图

4.4.2.2　系统架构设计

系统整体架构基于 Web 的 B/S 架构，可支持业界流行的浏览器 Chrome、Internet Explorer 8.0 及以上版本。系统实现采用业界主流开发技术，并且支持定制开发，系统符合开放的原则，具有良好的集成性，能够方便地实现与其他软件系统的应用和数据集成，符合软件接口开发有关技术规范和标准要求。可提供企业级的网络服务（Web Services），支持与 Web Services 之间的互联，支持 HTTP、WSDL、SOAP 标准和协议。

基于网络实现实时处理，采用广域网 + 局域网，重点用于接收大量自动化传感器和精密工程测量数据，用于隧道结构安全的实时监控、业务报表输出、监护项目日常管理等。广域网用于接收传感器数据和移动办公管理，局域网用于查看涉密数据、项目管理和日常办公。实现工地离线数据查看、移动办公管理、风险提示和通知流程等功能，开发专用的 Excel 插件工具和微信服务号功能。

系统总体从上往下分为展示层、应用服务层、领域层、基础设施层。系统总体架构设计图如图 4.4-2 所示。

展示层以前端网页的形式实现，负责管理用户同系统的逻辑交互，并实现各类信息资源的发布、展现、管理等功能。

为了更好地解耦和模块化，系统将业务逻辑层进一步细分，拆解为应用服务层和领域层。应用服务层专注于处理用户的业务操作，将展示层和领域层进行隔离，能够有效地进行代码复用和逻辑调整，提供更好的灵活性。

领域层是系统的核心结构。领域层对业务进行抽象和建模，形成反映领域的对象模型和操作逻辑。

基础设施层是系统中最底层部分。它通过各类构件为领域层、应用层的业务服务提供具体的支撑包括，数据持久化、数据备份等功能。

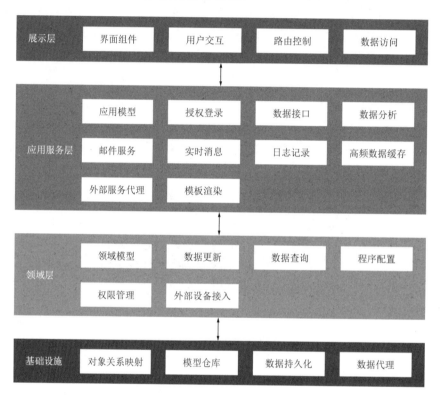

图 4.4-2　系统总体架构设计图

4.4.3　系统功能实现

系统总体功能如图 4.4-3 所示，通过多手段监测运营轨道交通结构安全，集成云图监护信息系统，并最终实现隧道的风险管控。

整个系统主要完成三大主要功能（图 4.4-3）：

1）多源数据集成管理

与业务流程相结合的精密测量、数字化监测等传统矢量数据管理，对接卫星及无人机遥感、三维激光扫描等新型传感多源海量数据管理，监测报告智能辅助编制等。

2）多类型自动化传感器集成式管理

前端基于工控机封装了不同厂商多类型传感设备采集指令，实现集约式采集；定制通信和数据同步协议、长连接技术，实现实时采集、传输、处理的全流程可视化监控。

3）结构安全评估和风险预测

基于现行技术规范和管理流程，封装结构安全大数据分析评估模型和风险源筛选规则，开发数据可视化工具，实现数据驱动的风险识别、安全评价与预测预警。

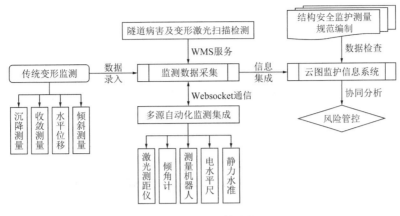

图 4.4-3　系统总体功能图

系统核心关键技术主要体现在以下四个方面：

（1）建立了一套运营轨道交通结构安全监测业务数据接口标准。支持卫星和无人机遥感影像、地面全景、移动三维激光扫描、人工施工工况巡查、精密工程测量、多源自动化传感器实时监测等丰富数据格式，引入 OGC WMS 服务、Rest API 接口、WebSocket 技术、云端文件托管等数据管理技术，形成了一套广泛兼容、高效查询、灵活扩展的数据访问接口，简化开发工作，提高查询效率、跨平台访问，提升了用户体验。

（2）实现了基于微服务架构的多源传感器集成技术。集成解决了沉降、收敛、位移、倾斜等多源自动化传感器感知技术，包含激光测距仪、倾角计、测量机器人、静力水准仪、电子水平尺、裂缝计等 6 大类设备（近 6000 台套）；采用数据同步、通信协议、长连接技术，解决了传统 CS 架构的跨平台远程访问的数据离散问题，提高了数据传输效率，降低了数据采集设备模块成本，并支持多源数据的综合分析；融合粗差剔除、数据异常识别、联合平差数据处理算法，为地铁保护区内近距离高风险施工项目，实时提供针对地铁结构安全的高精度、高可靠性、高频次、持续监控的服务。

（3）基于数据驱动的结构安全风险识别与评估分析技术。整合上海地铁自 2015 年来新增的结构安全监测数据资源，结合结构安全评估模型和风险源筛选规则，开发符合现行技术规范和管理流程的数据可视化工具，实现以数据驱动的结构安全风险识别；开展了保护区巡查、长期监测、保护区监护项目等多源数据综合分析的风险可视化特色应用，帮助专业工程师拓展结构安全状态的理解和认知，并通过基于大数据技术分析方法获得新的结构安全风险洞察力；成功发现并及时处理多起轨道交通结构安全致命性风险源。

（4）一套支持立体感知数据源的结构安全监测系统。系统以标准接口、共享应用工具为载体，连接上海轨道交通保护区所有监测测量行业单位，支持"空中-地面-地下"等多类数据源，开发 Web 页面、手机 App、Excel 数据管控助手和微信服务号等业务协作、数据共享和信息传递的工具，降低信息化的准入门槛，提高了工作效率，保证了传统测量数据的时效性，实现了数据成果质量控制的现场化、实时化和在线化，形成了地铁保护区监护监测项目的"互联网+"服务模式，提高了整个行业的信息化服务水平。

4.4.3.1　项目及监测数据管理

（1）界面的交互逻辑

平台的数据结构多样，业务逻辑繁杂，平台中通过前后端分离，使用angular.js实现可视化界面的交互逻辑。网站按照业务逻辑分为若干个状态，每个状态对应一个控制器，控制器中编写与界面交互相关的代码，并可以调用数据结构实现数据修改、调用第三方库的服务，实现诸如绘制图表、渲染影像等功能。

（2）数据的可视化

平台数据分为两类，一类是包含空间信息的数据，另一类是纯数据。平台针对两类数据，采用了布点图、折线图等技术手段进行可视化，达到直观的效果。

项目地图使用颜色和单个文字对项目等级进行区分，用户可以从项目地图中直观地看到项目的等级、项目与轨道交通线路关系等信息，如图 4.4-4 所示。

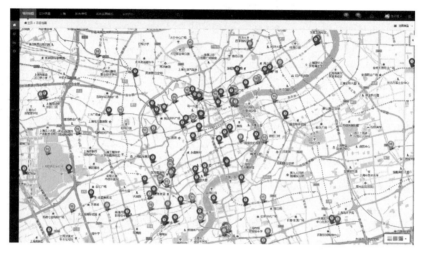

图 4.4-4　项目总览地图

监测点位分布图展现了监测点在轨道上的位置、监测点离施工区域的距离等信息，如图 4.4-5 所示。

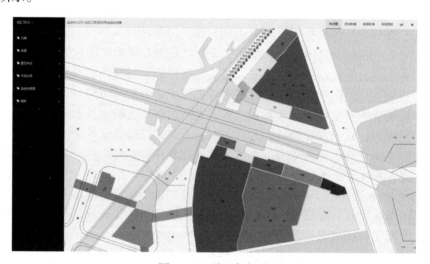

图 4.4-5　项目布点图

隧道监测结果用折线图表示，如图 4.4-6 所示，用于展示本次测量和上次测量的累计变化量，同时两条折线的间距代表了本次测量与上次测量之间的变化量。折线图还可以进行定制，同时显示相近项目的多条折线，方便用户进行多方对比，从全局上进行分析。

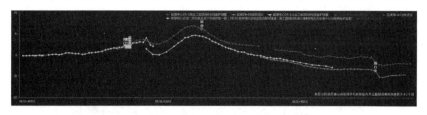

图 4.4-6　隧道监测变化曲线对比图

平台在监测点位图和折线图之间提供了交互操作功能。当用户使用鼠标悬停在折线图上的某一个测点时，监测点位分布图会缩放到同一个点并且高亮显示，如图 4.4-7 所示。

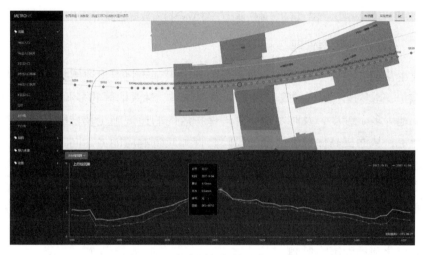

图 4.4-7　布点图与折线图交互界面

4.4.3.2　激光扫描影像数据管理

近年来，大量监测单位引进三维激光扫描设备，大力发展扫描测量技术，产生了海量的结构内壁影像数据。为发挥影像数据在表征结构附属设施、病害的作用，管理系统应兼容三维激光扫描测量成果数据格式，在线管理扫描测量成果，显示工程对应区域的隧道内壁高分辨率扫描影像，并支持环号、病害、附属设施等属性的标注，对比查看不同期段的影像图，如图 4.4-8 所示。

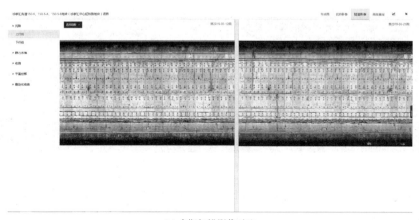

(a) 多期扫描影像对比

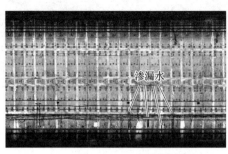

(b) 典型病害提取

图 4.4-8 地铁隧道三维激光扫描数据管理

4.4.3.3 遥感影像数据管理

在地铁运营期安全保护区巡查方面，目前建立了基于将卫星遥感技术、无人机巡查技术、智能巡检车等多技术集成的安全保护区巡查体系，对保护区的多源数据进行及时分析，从天、空、地等多个维度，及时发现并处理保护区内的违规施工及堆载等情况，辅助管理者的决策制定，从而提高保护区巡查的风险防控和应急响应能力，同时提高地铁隧道结构精细化管理水平。

（1）卫星遥感影像数据管理

卫星遥感主要利用两类数据——影像数据、INSAR 数据，其中：①光学影像数据，一般选择 1～4m 空间分辨率，用于沿线的地表现状和变化动态监控；②INSAR 多轨数据，用于沿线地形变化和地面沉降监测。

随着卫星遥感的数据来源、重访频率、空间分辨率、价格成本等指标的进一步优化，卫星遥感将有助于快速、全面地监控轨道交通沿线地形变化、施工活动、地面沉降等，从宏观上把控整个城市级轨道交通保护区结构安全。

根据监护项目的实际应用需求，按地铁线路建立保护区影像区域数据库，通过平台管理，将拍摄成果上传至系统平台并发布。用户在查询隧道变形曲线的同时，可参考地面的情况，如周边是否有绿化、堆卸土、建筑施工等。图 4.4-9 为整个延伸段区域的影像。

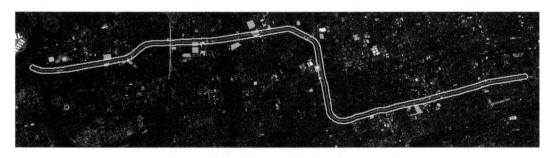

图 4.4-9 上海轨交 2 号线东延伸隧道段卫星影像

通过影像的判读识别，可全面了解轨道交通保护区内的施工作业情况，如楼房、绿地、停车场、道路、水域、建筑基坑等（图 4.4-10～图 4.4-12）。

图 4.4-10　保护区施工影响项目影像

图 4.4-11　保护区施工影响影像

　　100m缓冲区　　地铁中心线　　　　大量堆土

图 4.4-12　保护区堆土影像信息

通过卫星影像，可以解算出地面地物的高程信息（包含测量区域内地面高程信息及建筑物、植被高度信息），从而获取拍摄区域的数字地表模型（Digital Surface Model, DSM），可将此技术引入到地铁保护区地面高程测量、保护区巡查以及监护项目工况调查的工作中，可极大程度上提高外业作业效率，且所获数据密度更高、范围更广。

将高程点置于数字地表模型中，可提取相应位置高程值至所布点。将影像与高程点叠加整饰后可得到地面高程图，部分成果可见图 4.4-13。

图 4.4-13　上海轨道交通 12 号线沿线地面高程（部分）

（2）无人机低空遥感巡检

无人机低空遥感主要用于获取小范围影像（含视频）、地形资料，跟踪现场工况，检查桥梁病害等，具有设备成本低、作业灵活、成果资料丰富等优势（图 4.4-14）。但是，无人机作业在城市密集建成区、军事管理区域、机场净空区域等限制性区域工作时，存在航线申请困难、飞行调度安全难以保证等限制因素。因此，对于具备相应条件的区域，可以采用无人机低空遥感技术进行项目跟踪，获取目标区域的地面影像和高程等信息。

图 4.4-14　无人机高架桥梁综合巡查

例如在前滩地块，因涉及轨道交通线路多（6 号线、8 号线、11 号线），基坑位置复杂，对该区域进行了多期无人机影像拍摄，用于记录基坑施工不同阶段的地面状态（图 4.4-15～图 4.4-18）。

图 4.4-15　前滩地块 2017 年 11 月航拍影像　　图 4.4-16　前滩地块 2017 年 5 月航拍影像

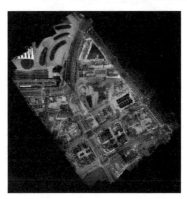

图 4.4-17　前滩地块 2017 年 3 月航拍影像　　图 4.4-18　前滩地块 2016 年 11 月航拍影像

（3）地面全景影像巡检

全景影像主要用于了解沿线现状和记录施工工况,制作类似全景地图等产品（图 4.4-19、图 4.4-20）。全景影像可使用智能手机或专业全景相机获取：①普通智能手机拍摄,只需要现场作业人员在拍摄位置环形拍摄约 8～12 张图片,操作简便、作业灵活且成本低廉；②专业全景相机拍摄,一般搭载于车辆（汽车、摩托车、自行车等）,以快速获取沿线现状影像。

图 4.4-19　网页全景示意图

图 4.4-20　上海轨交 13 号线全景影像

4.4.3.4　地铁结构变形和病害综合分析

在监测过程中，发现地铁结构变形及病害发展比较大的区段大部分是由邻近地铁的工程项目施工引起的，因此需要结合邻近项目的施工信息及其对周边环境的影响情况来综合分析地铁的变形和病害的发展规律，可以借助此平台便捷地进行长期数据和工程监护数据的对比查询及综合分析（图 4.4-21、图 4.4-22）。

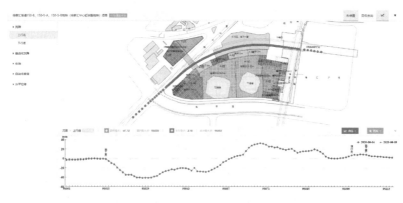

图 4.4-21　某工程监护项目地铁沉降数据查询

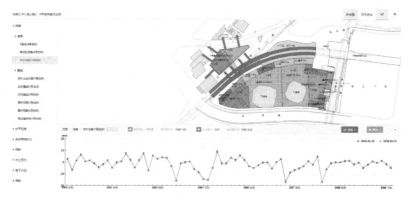

图 4.4-22　某工程监护项目基坑环境监测数据查询

4.4.3.5　地铁隧道结构状态评定

上海市工程建设规范《盾构法隧道结构服役性能鉴定规范》DG/TJ 08—2123—2023（简称《鉴定规范》）中考虑的地铁盾构隧道结构安全评价指标非常多，其相互关联，全部考虑较难实现，而且各指标的重要程度不尽相同。在实际应用中既需要考虑主要、重要的指标，同时还要考虑指标检测的可操作性。目前基于多指标的结构状态评价方法已有大量研究，结合多年的轨道交通监护经验，针对性研究了基于属性识别和隐马尔可夫模型（Hidden Markov Model）的安全状态评估方法。

1）基于属性识别的安全状态评价

属性识别方法是一种综合的评判方法，其主要思路是明确评判目标的各项影响因素组成属性集，并根据属性测度函数分别获得各影响因素的等级，进而通过综合判别对评判目标的等级进行评价。

属性识别法应用于评估的主要步骤为：确定评价对象和评价指标；建立各评价指标的评价等级，即属性集；对属性集进行运算，给出属性测度函数；计算各评价指标实测值对应的属性测度；获得各评价指标的权重，并计算评价对象的综合属性测度。

设 X 为评价对象空间，其评价对象 x_i（$i = 1,2,\cdots,n$）有 m 个被评价指标 I_j（$j = 1,2,\cdots,m$）；对于 x_i 的第 j 个评价指标 I_j 的测量值 t_j，都有 K 个评价等级 C_k（$k = 1,2,\cdots,K$）。

评价对象的第 j 个评价指标的测量值 t_j 具有属性 C_k 的大小，用单指标属性测度 μ_{xjk} 表示，评价对象具有级别 C_k 的大小，用综合属性测度 μ_{xk} 表示。

当 $a_{j0} < a_{j1} < \cdots < a_{jK}$ 时，确定单指标属性测度函数 $\mu_{xjk}(t)$ 如下列公式所示。相反，若 $a_{j0} > a_{j1} > \cdots > a_{jK}$ 时，可通过近似的手段计算得到。

$$
\mu_{xj1}(t) = \begin{cases} 1 & t < a_{j1} - d_{j1} \\ \dfrac{a_{j1} + d_{j1}}{2d_{j1}} & a_{j1} - d_{j1} \leqslant t \leqslant a_{ji} + d_{j1} \\ 0 & t > a_{j1} + d_{j1} \end{cases}
$$

$$
\mu_{xj1}(t) = \begin{cases} 0 & t < a_{jk-1} - d_{jk-1} \\ \dfrac{t - a_{jk-1} + d_{jk-1}}{2d_{jk-1}} & a_{jk-1} - d_{jk-1} \leqslant t \leqslant a_{jk-1} + d_{jk-1} \\ 1 & a_{jk-1} + d_{jk-1} < t < a_{jk} - d_{jk} \\ \dfrac{a_{jk} + d_{jk} - t}{2d_{jk}} & a_{jk} - d_{jk} \leqslant t \leqslant a_{jk} + d_{jk} \\ 0 & t > a_{jk} + d_{jk} \end{cases}
$$

$$
\mu_{xj1}(t) = \begin{cases} 0 & t < a_{jK1-1} - d_{jK1-1} \\ \dfrac{t - a_{jK1-1} + d_{jK1-1}}{2d_{jK-1}} & a_{jK1-1} - d_{jK1-1} \leqslant t \leqslant a_{jKi-1} + d_{jK1-1} \\ 1 & t > a_{jK-1} + d_{jK-1} \end{cases} \tag{4.4-1}
$$

式中：$k = 1,2,\cdots,K-1$；$j = 1,2,\cdots,m$

对于综合属性测度 μ_{xk} 可按下式计算：

$$
\mu_{xk} = \sum_{j=1}^{m} \omega_j \mu_{xjk} \tag{4.4-2}
$$

式中：ω_j——第j个指标的权重。

属性识别的目的是由综合属性测度μ_{xk}对x属于哪一个评价级别C_k作出判断。在属性综合评价中，评价集（$C_1, C_2, \cdots, C_k$）通常是一个有序集，对有序评价集（$C_1, C_2, \cdots, C_k$）判定x属于哪一个评价级别C_k，可采用置信度准则，置信度可取0.5～1。

隧道结构安全风险等级分为Ⅰ、Ⅱ、Ⅲ、Ⅳ级，其中Ⅰ级为微危险或基本无危险，Ⅱ级为低危险，Ⅲ级为中等危险，Ⅳ级为高危险，针对每一等级需要进行不同的应对措施。隧道结构安全等级及应对措施如表4.4-1所示。

隧道结构安全等级与应对措施   表4.4-1

等级	风险描述	应对措施
Ⅰ	微危险或基本无危险	正常
Ⅱ	低危险	加强监测
Ⅲ	中等危险	预警
Ⅳ	高危险	加固处理

通过对上海地铁盾构隧道35万环的检查和监测发现，隧道最常见、最严重的病害主要是渗漏水、管片破损和变形，而且三种病害在接缝部位表现尤其明显。同时，多项研究表明，盾构隧道的变形与渗漏水、破损等病害具有明显的关联性，但是，在不同的影响因素（地面超载、侧面卸载等）及地层条件下，变形与病害的相关性难以用一个统一的规律或公式表达。因此，本项目在实际应用时，除了利用《鉴定规范》进行初步分析，还结合国内外关于隧道结构安全评价指标的研究成果，针对地铁盾构隧道的特点，将隧道安全评价指标简化为纵向变形、横向变形、渗漏水、表观损伤四大类。根据专家经验，将四大类评估指标量化，得到隧道结构安全评估的关键指标体系如表4.4-2所示。

隧道安全评估指标体系   表4.4-2

指标		等级			
一级指标	二级指标	Ⅰ	Ⅱ	Ⅲ	Ⅳ
纵向变形	曲率半径/m	>15000	4500～15000	3000～4500	<3000
	错台/mm	<4	4～8	8～10	>10
	沉降速率/（mm/a）	<1	1～3	3～10	>10
横向变形	横向收敛/（‰D）[①]	<8	8～12	12～15	>15
	收敛速率/（mm/a）	<1	1～3	3～10	>10
渗漏水	—	湿迹	渗水	滴漏	漏泥
表观损伤	裂缝宽度及位置/mm	<0.5	0.5～2且位于角部	0.5～2m且位于中部	>2
	缺角缺损/cm²	<20	20～100	100～200	>200

①为隧道外径。

盾构隧道穿越及下卧的土层不同，隧道结构变形形态及病害影响的程度也不同。比如隧道穿越砂性土层时，渗漏水的发展很可能造成持续的漏砂现象，进一步诱发其他病害的产生和发展，最终导致结构破坏；当隧道穿越软黏土层时，由于周围土体抗力较弱，隧道横向变形如果得不到及时控制，很容易进一步发展，进而影响结构安全。图 4.4-23 统计了上海某地铁长期沉降与下卧土层压缩模量的对应关系，可以看到，沉降量与地层特性有较明显的相关性。因此，根据隧道穿越土层情况的不同，对隧道结构安全评价指标制定了不同的权重。

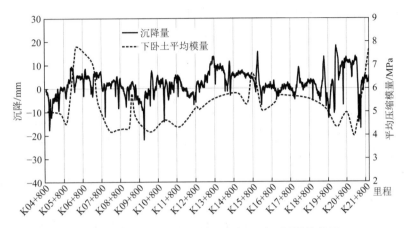

图 4.4-23　上海某地铁长期沉降与下卧土层模量关系

2）基于隐马尔科夫模型的隧道结构安全状态评价

贝叶斯法则是概率统计中应用所观察到的现象对有关概率分布的主观判断（即先验概率）进行修正的标准方法。然而，朴素贝叶斯对所有条件一视同仁，将所有条件都视为独立性条件。这样的假设过强，由此而引入的误差也较大，当工程积累较大的数据量时，模型本身带来的误差会限制预测的精度。半朴素贝叶斯假设部分属性间有依赖性关系，这些依赖关系可以通过一张有向无环图来描述，这张图即为贝叶斯网，也称为信念网。并且使用条件概率表来描述各个属性的联合概率分布。

隐马尔可夫模型是一种限定结构的贝叶斯网，网络的结构如图 4.4-24 所示。

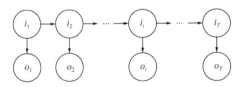

图 4.4-24　隐马尔可夫模型结构示意图

隐马尔可夫模型的学习中，根据训练数据的不同，学习算法也会不同。其中，非监督学习一般使用 Baum-Welch 算法实现，对应的隐变量概率模型如下式所示。

$$P(O|\lambda) = \sum_I P(O|I,\lambda)P(I|\lambda) \tag{4.4-3}$$

维特比算法是隐马尔可夫模型中使用最多的预测算法，它实际上是用动态规划解隐马尔可夫模型预测问题，即使用动态规划求概率最大路径，这时一条路径对应着一个状态序列。

沉降和收敛是判断地铁隧道运营状况非常重要的因素。上海地铁实际运营管理过程中，也是通过监测隧道的沉降值和收敛值来判断其安全状态的。在实际工程中，观测的沉降和收敛变量都是连续值，通过这些连续的测量值，将地铁隧道划分成不同的安全等级。

假设隐马尔可夫模型中观测变量为连续值，状态变量为离散值。根据上述的推导过程，模型中初始状态概率向量π和状态转移概率矩阵$\boldsymbol{A}$不用进行调整。而由于观测变量是连续值,无法像离散值一样直接给出观测概率矩阵$\boldsymbol{B}$。假设观测值服从高斯分布,直接给出各个隐藏状态对应的观测状态高斯分布概率密度函数参数即可。如果观测序列是一维的,则假设观测状态的概率密度函数是一维的普通高斯分布。如果观测序列是N维的,则假设隐藏状态对应的观测状态概率密度函数是N维高斯分布。从而实现隐马尔可夫模型在观测值为连续情况下的推广,进而实现隧道的沉降和收敛结构安全评估的训练和预测。

隐马尔可夫模型中的变量为两组:状态变量$\{i_1, i_2, \cdots, i_T\}$和观测变量$\{o_1, o_2, \cdots, o_T\}$,这两组变量分别表示系统各个时刻的状态值以及系统的观测值。在地铁运营中,往往需要对隧道结构的运营安全状态分级,以便根据不同的等级,采取相应的措施。引入隐马尔可夫模型中的状态变量描述隧道的安全等级、观测变量描述隧道运营过程中的测量值。这种引入隐马尔可夫模型的状态变量和观测变量分别代表隧道的状态和测量值的假设,与工程实际有较好一致性,具体表现为:

(1)在实际的地铁隧道运营状态中,观测值都比较容易获得,而且精度较高,符合隐马尔可夫模型中观测变量的特点。

(2)在获得地铁运营时期的监测数据前提下,往往需要专家结合固定标准对监测数据进行评估,从而得到围护结构运营时期的安全状态,安全等级实际上是不能直接获得的隐变量,符合隐马尔可夫模型中状态变量的特点。

(3)本质上,测量值可以反映隧道结构的安全状态,隧道的安全等级不同,会导致隧道表现出不同的沉降和收敛值,符合隐马尔可夫模型中状态变量和观测变量的关系。

(4)在隧道的运营中,结构安全状态有着很强的时间性,具体表现为两点:首先,结构的安全性总体是一个不断劣化的过程,即如果对隧道结构不加以维护,隧道结构随着运营时间的增加,安全性能整体上呈下降趋势;其次某一时刻隧道的状态依赖于上一刻的状态,相邻时刻的状态有着一定的依赖关系。符合隐马尔可夫模型中各个状态变量间的关系。

基于隐马尔可夫模型采用隧道的沉降和收敛相关数据(图 4.4-25)进行结构安全状态预测值如图 4.4-26 所示。

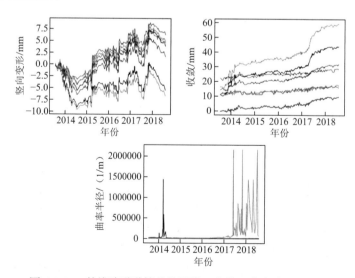

图 4.4-25　某线路隧道管片的沉降、收敛、曲率半径测量值

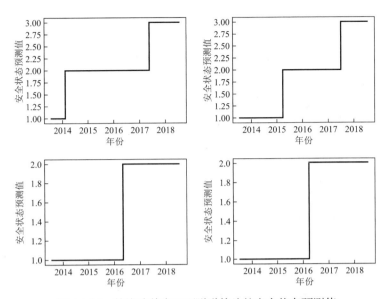

图 4.4-26　某线路其中四环隧道管片的安全状态预测值

4.4.4　系统应用情况

平台已在上海地铁结构变形监测业务中投入使用，管理数据包含测量数据、影像数据、其他属性数据（工况信息及照片、点位布置图）等。轨道交通监测项目共分为：监护测量项目、长期沉降测量项目、长期收敛测量项目及重点段测量项目。

目前平台共管理监护测量项目 287 个，长期沉降数据 181 个区间，长期收敛 282 个区间，重点段 111 个，并发布存储在平台中的不同时期三维激光扫描影像及无人机航拍影像。

第5章

岩土工程数据挖掘与分析

5.1 概述

数据挖掘和分析技术是工具，在不同领域、不同场景中会展现出不同的价值。例如在电商领域，数据挖掘和分析可以用来对用户进行精准画像，用算法打造推荐引擎，从传统的搜索电商逐渐转变成兴趣电商，提高用户的黏性，增加用户的购买量。在金融领域，数据挖掘和分析技术可以帮助金融系统快速识别用户的风险，对用户的风险等级进行评价，帮助金融放款机构减少坏账率，提高资金的利用率。

要在岩土工程领域运用数据挖掘和分析技术，首先要理解岩土工程，了解岩土工程各个环节的工作方法和已有的技术方案，了解传统的问题解决方案有哪些，哪些问题是传统方法无法解决的，找准了需求就可以更好地将算法落地。

之所以需要数据挖掘和分析技术，主要是因为岩土工程的自身特点。在岩土工程领域，分析结构和土体的相互作用、结构和土体的状态，一直以来都是难点。为了解决土和结构的受力问题，数值模拟分析是常用的技术手段。但是数值模拟存在假设过多和考虑因素不全等问题。

数值模拟的基础理论依据之一是弹性力学，弹性力学有 5 大基础假设：假设物体是完全弹性、连续、均匀、各向同性的，且位移和形变都是微小的。每当引入一个假设，数值分析的计算难度就会下降，但同时也会导致数值模型与真实的情况存在偏差，而这也是利用弹性力学对土体进行受力分析结果不准确的根本原因。为了让理论模型和真实情况的差距变小，岩土工程领域的学者和研究人员，需要在弹性力学的基础上放松部分假设，建立更复杂的理论模型，让模型可以更接近真实情况。但是土体是一个复杂的三相结构，包含了土颗粒、空气和水，几乎不可能把弹性力学的 5 个假设完全放弃，建立一个跟真实情况完全相同的力学模型，这就导致数值分析无法真实地模拟现实情况。

另外，工程活动的影响因素，不仅只有结构本身和周边的土体，还包括周边的各种环境因素，如车辆、重型机械、天气降水、施工的速度、施工质量的好坏等，数值模拟无法全面考虑这些因素。随着行业整体数字化水平的提高，对于地下结构的相关数据有了更多的收集，这也让基于数据挖掘与分析的结构性状评估有了基础。相比于传统的数值模拟方法，数据挖掘与分析方法可以纳入更多影响结构安全的数据，例如天气降水、周边的各类环境变化等。同时，大数据的数据挖掘和分析算法，原理上往往是对输入和输出中的映射关系进行学习，在计算的过程中纳入的假设更少，在某些场景下就可以得到优于数值模拟的计算结果。

需要注意的是，即便是覆盖了非常多影响因素的数据挖掘与分析方法，有时依然难以准确预测结构和周边岩土体的变化特征。这是因为岩土体是一个非常复杂的三相结构，受到的影响因素也十分多，现阶段几乎无法完全将影响地下工程的数据全部纳入模型当中。从信息论的角度分析，也就是进行数据挖掘和分析时，数据中包含的信息量有限。数据挖掘分析的相关算法与数值模拟相比各有优劣，在很多场景中可以作为数值模拟的补充，但无法完全替代数值模拟在地下工程中的作用，而是多提供了一种解决思路，赋能原有的技术路径。

近年来，大数据挖掘在安防、医学、交通、金融等场景带来了革命性的发展。而在岩土工程领域，大数据挖掘仍面临行业多源数据融合、挖掘算法优化、跨专业应用等难题，总体仍处于探索阶段。由于岩土工程的专业性较强，单纯的计算机专业人员很难提炼出合理的应用场景，必须由专业技术人员主导，采用专业 + 大数据的模式。首先对岩土工程的应用场景进行精细化的设计，主要包括不同场景的输出需求，输入的数据特点；进而根据该场景对算法计算效率、精度和泛化能力的需求，寻找可能适用的算法；完成数据准备后可进行模型训练和参数调优，最终构建不同场景的应用模型；同时，为了便于模型的工程应用，降低计算机技术门槛，将算法模型进行参数化封装，构建无代码的算法服务平台，对岩土工程专业技术人员也是十分必要的。本章以运营地下隧道场景为例，介绍了基于数据挖掘的隧道结构表观病害识别、变形和病害预测等挖掘应用，并打造了岩土工程领域的算法服务平台，可供工程技术人员参考和调用。

5.2　常用数据挖掘技术原理简述

5.2.1　统计学

统计学（Statistics）是应用数学的一个分支，主要通过利用概率论建立数学模型，收集所观察系统的数据，进行量化的分析、总结，并进行推断和预测，为相关决策提供依据和参考。

统计学创立于 17 世纪中叶至 18 世纪中叶的欧洲，到今天，随着经济社会和科学技术的迅速发展，统计学的应用领域、统计理论与分析方法也不断发展，同时也被广泛地应用在各个学科领域中。一些学科大量地利用了应用统计学，形成了许多分支学科，如经济统计学、社会统计学、人口统计学、环境与生态统计学、国际统计学等。

在岩土工程领域，无论是理论层面上岩土力学本构模型的构建，还是试验层面上岩土体力学试验的结果分析，乃至实际工程规范中安全系数的确定等，背后都也离不开统计学理论的支撑。

统计学有许多具体分析和操作方法，但一般可以被分为两类。一类叫作描述统计（Descriptive Statistics），另一类叫作推断统计（Inferential Statistics）。两类统计的根本区别在于，描述统计是对已知的数据进行描述，而推断统计需要推测未知的数据或者预测未发生的事件。当然，推断统计一定离不开描述统计的基础，因为只有获得了足够多的数据后才能对未来和未知进行合理的推论。

5.2.1.1 描述统计

描述统计学是研究如何取得反映客观现象的数据，并通过图表形式对所搜集的数据进行加工处理和显示，进而通过综合概括与分析得出反映客观现象的规律性数量特征的一门学科。描述统计学内容包括统计数据的收集方法、数据的加工处理方法、数据的显示方法、数据分布特征的概括与分析方法等。

（1）数据可视化

研究者可以通过对数据资料的可视化处理，直观了解整体数据分布的情况。通常使用的工具是频数分布表与图示法，如散点图、折线图、直方图等，随着可视化技术的进步，如箱形图、小提琴图等反映信息更加丰富的图表也逐渐被研究人员广泛接受（图5.2-1）。

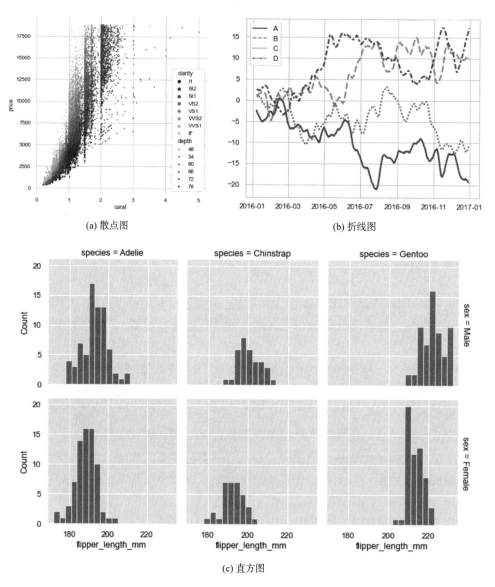

(a) 散点图　　　　　　　　　　　　　　(b) 折线图

(c) 直方图

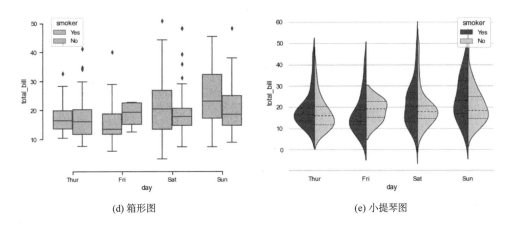

(d) 箱形图　　　　　　　　　　　　　　　　(e) 小提琴图

图 5.2-1　数据可视化图形示例

散点图[Scatter Plot，图 5.2-1(a)]是用笛卡尔坐标系上的点表示资料中两个或多个变量分布方式的图（例如班上同学的身高及体重）。一般在平面笛卡尔坐标上表示两个变量的分布，若点有区分不同的颜色/形状/大小，可以用此特性表示另一个变量。散点图可以配合一定的置信区间，推测两个不同种类参数的相关性。以体重及身高为例，可能会将体重放在 y 轴，将身高放在 x 轴。相关性可能是正相关（一参数增加时，另一参数对应增加）、负相关（一参数增加时，另一参数对应减少）、无相关性。若散点图有从左下到右上分布的图形，表示两者正相关，若散点图有从左上到右下分布的图形，表示两者负相关。为了研究两参数之间的关系，可以在散点图上绘制拟合线（最适曲线或趋势线）。趋势线的方程式就是参数相关性的关系。若是线性相关，绘制最适曲线的程序即为线性回归，表明在有限区间内有合理的解。针对任意的相关性关系，不存在通用、可以产生正确解的最适曲线或关系式。若是要确认两组参数之间是否有非线性的关系，也可以用散点图来观察。

折线图[Line Chart，图 5.2-1(b)]是由许多资料点用直线连接形成的统计图表，若观察多个资料点之间的连线，会是折线。折线图是许多领域都会用到的基础图表，折线图类似散点，不过折线图以 X 轴为基础，将 X 轴上相邻的数据点之间用直线连接。折线图常用来观察数据在一段时间之内的变化（时间序列），因此其 X 轴常为时间，这种折线图又称为趋势图。

直方图[Histogram，图 5.2-1(c)]是一种对数据分布情况的二维统计图形表示，被卡尔·皮尔逊（Karl Pearson）首先引入。它的两个坐标分别是统计样本和该样本对应的某个属性的度量，以长条图（Bar）的形式具体表现。因为直方图的长度及宽度很适合用来表现数量上的变化，所以较容易解读差异小的数值。在制作直方图时，首先要对资料进行分组，因此如何合理分组是其中的关键问题。一般按组距相等的原则进行。分组数和组距是两个关键因素，其中分组数指在统计数据时把数据按照不同的范围分成的组的个数，组距指每一组两个端点的差。

箱形图[Box plot，图 5.2-1(d)]，又称为盒须图、盒式图、盒状图或箱线图，是一种用作显示一组数据分散情况资料的统计图。因图形如箱子，且在上下四分位数之外常有线条像胡须延伸出去而得名。箱形图于 1977 年由美国著名统计学家约翰·图基（John Tukey）发明，它能显示出一组数据的最大值、最小值、中位数、上下四分位数以及异常值。其中箱形图中间矩形盒的上下边界分别对应数据的上下四分位数；矩形盒内部的中线对应数据的中位数；矩形盒向外延伸竖线的上下边界线分别对应数据离群值的截断点，即下分位数 ± 1.5IQR（分位数及 IQR 的概念将在下文介绍）；离群值用个别的点米表示。

小提琴图[Violin Plot，图 5.2-1(e)]是箱式图与核密度图的结合，箱式图展示了分位数的位置。核密度图则展示了任意位置的数据密度。与箱形图相比，小提琴图的优势在于，除了显示上述的统计数据外，它还显示了数据的整体分布。这个差异点很有意义，特别是在处理多模态数据，即有多峰值的分布时。通过小提琴图可以知道哪些位置数据点聚集得较多。

（2）统计量

除了通过图表来分析数据情况之外，研究人员也可以利用统计量来了解各变量的观察值集中与分散情况。

均值（Mean，也称平均数）是统计学中最常用的统计量，是评估数据集中趋势的最常用测度值，目的是确定一组数据的均衡点。在统计中，均值常用于表示统计对象的一般水平，它是描述数据集中程度的一个统计量。我们既可以用它来反映一组数据的一般情况，也可以用它进行不同组数据的比较，以看出组与组之间的差别。用平均数表示一组数据的情况，有直观、简明的特点，所以在日常生活中经常用到，如平均速度、平均身高、平均产量、平均成绩、平均气温等。然而，不是所有类型的数据都适合用均值来描述，在没有充分考虑个体和群体分布性质的状况下，均值可能因为受到极端值的影响而得出毫无意义或无法反映现实分布的结果。

中位数（Median）是一个样本、种群或概率分布中的一个数值，用于将数值集合划分为数量相等的上下两部分。对于有限的数集，可以通过把所有观察值高低排序后找出正中间的一个作为中位数。如果观察值有偶数个，则中位数不唯一，通常取最中间的两个数值的均值作为中位数。与均值不同，中位数在面对数据中的异常值时，表现得更加稳健，同时也意味着其对数据的变化不够敏感。因此，在选择统计量指标时，如果更加关注数据变化的敏感性，应优先考虑均值；如果更加关注指标的稳健性，可以优先考虑中位数。

众数（Mode）指一组数据中出现次数最多的数据值。若数据的数据值出现次数相同且无其他数据值时，则不存在众数。众数在数值或被观察值没有明显次序（常发生于非数值性数据）或无法定义均值和中位数时特别有用，如：{苹果，苹果，香蕉，橙，橙，橙，桃}的众数是橙。

分位数（Quantile），是指用分割点将一个随机变量的概率分布范围分为几个具有相同概率的连续区间。分割点的数量比划分出的区间少 1，例如 3 个分割点能分出 4 个区间。常用的有中位数（即二分位数）、四分位数（Quartile）、十分位数（Decile）、百分位数（Percentile）等。q-quantile 是指将有限值集分为 q 个接近相同尺寸的子集。

四分位距（Interquartile Range, IQR），又称四分差。是描述统计学中的一种方法，以确定第三四分位数和第一四分位数的区别，与方差、标准差一样，表示统计资料中各变量分散情形，但四分差更多为一种稳健统计（Robust Statistic）。通常用四分位距构建箱形图，以及对概率分布的简要图表概述。

（3）预测结果评价指标

预测结果评价指标一般有准确率、精确率、召回率、F1值和重叠度。按如下标记，TP 表示将正样本预测为正样本，FN表示将正样本预测为负样本，FP表示将负样本预测为正样本，TN表示将负样本预测为负样本，则可以得到上述评价指标的计算公式，具体如下。

准确率表征总体预测效果，其计算方式为：

$$Accuracy = \frac{TP + TN}{TP + FP + TN + FN}$$

精确率表征分类器的分类效果，是在预测为正样本的实例中预测正确的所占的比值，其计算方式为：

$$Precision = \frac{TP}{TP + FP}$$

召回率表征某类的召回效果，是在标签为正样本的实例中预测正确的所占的比值，其计算方式为：

$$Recall = \frac{TP}{TP + FN}$$

F1值平衡了精确率和召回率这两个评价指标，是两个值的调和平均值，其计算方式为：

$$F1 = \frac{2 \times Precision \times Recall}{Precision + Recall}$$

重叠度（IoU）表征预测值和实际值的相似性，其计算方式为：

$$IoU = \frac{TP}{FP + TP + FN}$$

5.2.1.2　推断统计

假设检验（Hypothesis Testing），是用来判断样本与样本、样本与总体的差异是由抽样误差引起还是本质差别造成的统计推断方法。显著性检验是假设检验中最常用的一种方法，也是一种最基本的统计推断形式，其基本原理是先对总体的特征做出某种假设，然后通过抽样研究的统计推理，对此假设应该被拒绝还是接受做出推断。常用的假设检验方法有Z检验、t检验、卡方检验、F检验等。假设检验的基本思想是"小概率事件"原理，其统计推断方法是带有某种概率性质的反证法。小概率思想是指小概率事件在一次试验中基本上不会发生。反证法思想是先提出检验假设，再用适当的统计方法，利用小概率原理，确定假设是否成立。即为了检验一个假设H_0是否正确，首先假定该假设H_0正确，其次根据样本对假设H_0做出接受或拒绝的决策。如果样本观察值导致了"小概率事件"发生，就应拒绝假设H_0，否则应接受假设H_0。

5.2.2　机器学习

2016 年 3 月，由 DeepMind 公司开发的围棋程序 AlphaGo 大战李世石，最终获得胜利，是人工智能被大众熟知的标志性事件。自此，以深度学习为主要技术路径的数据挖掘和分析技术，也开始被各行各业的从业者所重视，并开始在多个行业中推广应用。

数据挖掘和分析的基础是数据，深度学习尤其依赖数据量，因此基于深度学习的数据挖掘与分析方法，最初也是在拥有较多数据量的行业中开始发展，例如前文提到的电商、金融等领域。

机器学习是人工智能的一个分支。人工智能的研究历史有着一条从以"推理"为重点，到以"知识"为重点，再到以"学习"为重点的自然、清晰的脉络。显然，机器学习是实现人工智能的一个途径，即以机器学习为手段解决人工智能中的问题。在近30多年，机器学习已发展为一门多领域交叉学科，涉及概率论、统计学、逼近论、凸分析、计算复杂性理论等多门学科。机器学习理论主要是设计和分析一些让计算机可以自动"学习"的算法。机器学习算法是一类从数据中自动分析获得规律，并利用规律对未知数据进行预测的算法。因为学习算法中涉及了大量的统计学理论，机器学习与推断统计学联系尤为密切，也被称为统计学习理论。算法设计方面，机器学习理论关注可以实现、行之有效的学习算法。很多推论问题无程序可循，所以部分的机器学习研究是开发容易处理的近似算法。

机器学习已广泛应用于数据挖掘、计算机视觉、自然语言处理、生物特征识别、搜索引擎、医学诊断、检测信用卡欺诈、证券市场分析、DNA序列测序、语音和手写识别、战略游戏和机器人等领域。

5.2.2.1 机器学习分类

机器学习可以分成下面几种类别：

监督学习。从给定的训练数据集中学习出一个函数，当新的数据到来时，可以根据这个函数预测结果。监督学习的训练集要求是包括输入和输出，也可以说是特征和目标。训练集中的目标是由人标注的。常见的监督学习算法包括回归分析和统计分类。

无监督学习。与监督学习相比，训练集没有人为标注的结果。常见的无监督学习算法有生成对抗网络（GAN）以及KMeans、DBSCAN等聚类算法。

半监督学习。介于监督学习与无监督学习之间，使用部分有标注的数据，在训练模型的同时用模型标注未标注的数据。

强化学习。让机器为了达成目标，随着环境的变动，而逐步调整其行为，并评估每一个行动之后所到的回馈是正向的或负向的。

5.2.2.2 机器学习算法

机器学习发展的过程也是机器学习算法更新迭代的过程，不断有新算法在准确性和泛化性上超越经典算法，但经典算法的设计理念也在持续推动着新算法的产生。具体的机器学习算法有：基于核函数将特征嵌入高维空间的模型，如应用核函数的支持向量机、核逻辑回归模型等；基于聚合算法的融合预测模型，如随机森林、AdaBoost、GBDT及其衍生算法等；基于抽象特征提取的萃取类模型，如神经网络与深度学习、RBF网络、AutoEncoder等算法。

（1）支持向量机

支持向量机（Support Vector Machine，常简称为SVM）是在分类与回归分析中分析数据的监督式学习算法。给定一组训练实例，每个训练实例被标记为属于两个类别中的一个或另一个，SVM训练算法建立一个模型，将新的实例分配给两个类别之一，使其成为非概率二元线性分类器。SVM模型将实例表示为空间中的点，这样的映射就使得单独类别的实例被尽可能明显地间隔分开。然后，将新的实例映射到同一空间，并根据它们落在间隔的哪一侧来预测所属类别。

将数据进行分类是机器学习中的一项常见任务。假设某些给定的数据点各自属于两个类之一，而目标是确定新数据点将在哪个类中。对于支持向量机来说，数据点被视为p维向量，而我们想知道是否可以用（p-1）维超平面来分开这些点，这就是所谓的线性分类器。可能存在许多可以把数据分类的超平面，最佳超平面则是以最大间隔把两个类分开的超平面。因此，要选择到每边最近数据点的距离最大化的超平面。如果存在这样的超平面，则称为最大间隔超平面，而其定义的线性分类器被称为最大间隔分类器（Margin Classifier），或者叫作最佳稳定性感知器。如图 5.2-2 所示，图中H_1不能把类别分开；H_2可以，但只有很小的间隔；H_3以最大间隔将它们分开，即为最大间隔分类器。

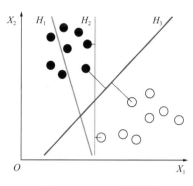

图 5.2-2　SVM 原理图

除了进行线性分类之外，SVM 还可以使用所谓的核技巧（Kernel Trick）有效地进行非线性分类，将其输入隐式映射到高维特征空间中。

当数据未被标记时，不能进行监督式学习，需要用非监督式学习，它会尝试找出数据到簇的自然聚类，并将新数据映射到这些已形成的簇。将支持向量机改进的聚类算法被称为支持向量聚类，当数据未被标记或者仅一些数据被标记时，支持向量聚类经常在工业应用中用作分类步骤的预处理。

（2）随机森林

随机森林（Random Forest）是一个包含多个决策树的分类器，并且其输出的类别是由个别树输出类别的众数而定。

决策树是机器学习的常用方法，是一个预测模型；它代表的是对象属性与对象值之间的一种映射关系。树中每个节点表示某个对象，而每个分叉路径则代表某个可能的属性值，而每个叶节点则对应从根节点到该叶节点经历路径所表示的对象值。决策树仅有单一输出，若欲有复数输出，可以建立独立的决策树以处理不同输出。数据挖掘中决策树是一种经常要用到的技术，可以用于分析数据，同样也可以用作预测。

机器学习领域经常使用装袋（Bagging）学习算法，装袋算法能结合几个模型降低泛化误差，而随机森林训练算法则把装袋算法的一般技术应用到树学习中。给定训练集$X = x_1, \cdots, x_n$和目标$Y = y_1, \cdots, y_n$，装袋方法从训练集中重复（B次）有放回地采样，然后在这些样本上训练树模型，在训练结束之后，可以通过对X上所有单个回归树的预测求平均来实现对未知样本x的预测。这种装袋方法在不增加偏置的情况下降低了方差，从而带来了更好的性能。这意味着，即使单个树模型的预测对训练集的噪声非常敏感，但对于多个树模型，只要这些树并不相关，这种情况就不会出现。在同一个数据集上训练多个树模型会简单地产生强相关的树模型（甚至是完全相同的树模型）。

（3）梯度提升树

梯度提升树（Gradient Boosting Decision Tree，简称 GBDT）是一种用于回归和分类问题的机器学习技术，该算法基于弱预测模型的集成，并采用典型的决策树作为弱预测模型。梯度提升技术以分阶段的方式构建模型，同时通过允许对任意可微分损失函数进行优化作为对一般提升方法的推广。GBDT 模型可解释强、应用效果好，在数据挖掘、计算广告、推荐系统等领域得到了广泛应用。

　　提升算法（Boosting）是一族可将弱学习器提升为强学习器的算法，属于集成学习（Ensemble Learning）的范畴。提升算法基于这样一种思想：对于一个复杂任务来说，将多个专家的判断进行适当的综合所得出的判断，要比其中任何一个专家单独的判断要好。通俗地说，就是"三个臭皮匠，顶个诸葛亮"的道理。

　　决策树（Decision-Making Tree）可以认为是 if-then 规则的集合，易于理解，可解释性强，预测速度快。同时，决策树算法相比于其他的算法需要更少的特征工程，比如可以不用做特征标准化，就能很好地处理字段缺失的数据，也可以不用关心特征间是否相互依赖等，能够自动组合多个特征。单独使用决策树算法时，有容易过拟合的缺点。所幸的是，通过各种方法，抑制决策树的复杂性，降低单棵决策树的拟合能力，再通过梯度提升的方法集成多棵决策树，最终能够很好地解决过拟合的问题。由此可见，梯度提升方法和决策树学习算法可以互相取长补短，是一对完美的搭档。

　　无论是处理回归问题还是二分类及多分类问题，GBDT 使用的决策树都是 CART 回归树。对于回归树算法来说，最重要的是寻找最佳的划分点，那么回归树中的可划分点包含了所有特征的所有可取值。在分类树中最佳划分点的判别标准是熵或者基尼系数，都是用纯度来衡量的，但是在回归树中的样本标签是连续数值，所以再使用熵之类的指标不再合适，取而代之的是平方误差，它能很好地评判拟合程度。

5.2.2.3　深度学习

　　深度学习（Deep Learning）是机器学习的一个分支，但由于其在海量数据上的优异性能，逐渐成为人工智能领域的主流方向，因此单用一节来介绍。

　　深度学习是一种以人工神经网络为架构，对数据进行表征学习的算法，本质上是对人工神经网络的品牌重塑。表征学习的目标是寻求更好的表示方法，并创建更好的模型来从大规模未标记数据中学习这些表示方法。表示方法来自神经科学，并松散地创建在类似神经系统中的信息处理和对通信模式的理解上，如神经编码，试图定义特定神经元之间的反应关系以及大脑中神经元电活动之间的关系。观测值（例如一幅图像）可以使用多种方式来表示，如每个像素强度值的向量，或者更抽象地表示成一系列边、特定形状的区域等。而使用某些特定的表示方法更容易从实例中学习任务（例如，人脸识别或面部表情识别）。深度学习的好处是用非监督式或半监督式的特征学习和分层特征提取高效算法来替代手工获取特征。

　　通常将具有两层或两层以上隐藏层的神经网络叫作深度神经网络。与浅层神经网络类似，深度神经网络也能够为复杂非线性系统提供建模，但多出的层次为模型提供了更高的抽象层次，因而提高了模型的能力。深度神经网络通常都是前馈神经网络，但也有语言建模等方面的研究将其拓展到循环神经网络。卷积深度神经网络（Convolutional Neural Networks, CNN）在计算机视觉领域取得了成功的应用。此后，卷积神经网络也作为听觉模型被使用在自动语音识别领域，较以往的方法获得了更优的结果。

　　与其他神经网络模型类似，如果仅仅是简单地训练，深度神经网络可能会存在很多问题。常见的两类问题是过拟合和过长的运算时间。深度神经网络很容易产生过拟合现象，因为增加的抽象层使得模型能够对训练数据中较为罕见的依赖关系进行建模。对此，权重递减（L2 正规化）或者稀疏（L1 正规化）等方法可以用在训练过程中以减小过拟合现象。另一种较晚用于深度神经网络训练的正规化方法是丢弃法（"Dropout" Regularization），即在训练中随机丢弃一部分隐层单元来避免对较为罕见的依赖关系进行建模。

反向传播算法和梯度下降法由于其实现简单，能够收敛到更好的局部最优值，成为神经网络训练的通行方法。但是，这些方法的计算代价很高，因为深度神经网络的规模（即层数和每层的节点数）、学习率、初始权重等众多参数都需要考虑，尤其是在训练深度神经网络模型阶段。鉴于此，常采用小批量训练（Mini-Batching）加速模型训练，即将多个训练样本组合进行训练，而不是每次只使用一个样本进行训练。而提升运算速度最主要就是靠图形处理单元（GPU），因为矩阵和向量计算非常适合使用 GPU 实现。但目前而言，使用大规模集群进行深度神经网络训练仍然存在困难，需要在训练并行化方面进一步提升。

卷积神经网络（Convolutional Neural Networks, CNN）由一个或多个卷积层和顶端的全连通层（对应经典的神经网络）组成，同时也包括关联权重和池化层（Pooling Layer）。这一结构使得卷积神经网络能够利用输入数据的二维结构。与其他深度学习结构相比，卷积神经网络在图像和语音识别方面能够给出更优的结果。这一模型也可以使用反向传播算法进行训练。相比较其他深度、前馈神经网络，卷积神经网络需要估计的参数更少，使之成为一种颇具吸引力的深度学习结构。

循环神经网络（Recurrent Neural Network, RNN）是神经网络的一种，对具有序列特性的数据非常有效，它能挖掘数据中的时序信息以及语义信息，利用 RNN 的这种能力，深度学习模型在解决语音识别、语言模型、机器翻译以及时序分析等自然语言处理（NLP）领域的问题时有所突破。单纯的 RNN 无法处理随着递归造成的权重指数级爆炸或梯度消失问题，难以捕捉长期时间关联，而结合不同的长短时记忆法（LSTM）可以很好地解决这个问题。

Seq2seq 模型（Sequence to Sequence）是用于自然语言处理的一系列机器学习方法。应用领域包括机器翻译、图像描述、对话模型和文本摘要。Seq2seq 将输入序列转换为输出序列。它通过利用循环神经网络或更常用的 LSTM、GRU 网络来避免梯度消失问题。当前项的内容总来源于前一步的输出。Seq2seq 主要由一个编码器和一个解码器组成。编码器将输入转换为一个隐藏状态向量，其中包含输入项的内容。解码器进行相反的过程，将向量转换成输出序列，并使用前一步的输出作为下一步的输入。近年来流行的 BERT、Transformer 等注意力机制算法均是该模型的应用。

5.2.3　知识图谱

知识图谱（Knowledge Graph）的概念最早由谷歌于 2012 年 5 月 17 日提出，其将知识图谱定义为用于增强搜索引擎功能的辅助知识库。但在知识图谱概念问世之前，语义网络技术的研究领域早已开始。2006 年，Berners-Lee 提出数据链接（Linked Data）的思想，推广和完善 URI（Uniform Resource Identifier，统一资源标识符）、RDF（Resource Description Framework，资源描述框架）、OWL（Web Ontology Language，网络本体语言）等技术标准，为知识图谱提供了技术基础条件。知识图谱是结构化的语义知识库，用于以符号形式描述物理世界中的概念及其相互关系。其基本组成单位是"实体-关系-实体"三元组，以及实体及其相关属性-值对，实体间通过关系相互联结，构成网状的知识结构。知识图谱可以实现Web 从网页链接向概念链接转变，支持用户按主题而不是字符串检索，真正实现语义检索。基于知识图谱的搜索引擎，能够以图形方式向用户反馈结构化的知识，用户不必浏览大量网页即能准确定位和深度获取知识。

5.2.3.1　知识图谱的技术架构

（1）表达方式

三元组是知识图谱的一种通用表示方式，即 $G = (E, R, S)$，其中 E 是知识库中的实体集合，R 是知识库中的关系集合，S 代表知识库中的三元组集合。三元组的基本形式主要包括实体1、关系、实体2和概念、属性、属性值等。实体是知识图谱中的最基本元素，不同的实体间存在不同的关系。概念主要指集合、类别、对象类型、事物的种类，例如人物、地理等；属性主要指对象可能具有的属性、特征、特性、特点以及参数，例如国籍、生日等；属性值主要指对象指定属性的值，例如中国、1988-09-08 等。每个实体（概念的外延）可用一个全局唯一确定的 ID 来标识，每个属性-属性值对（Attribute-Value Pair, AVP）可用来刻画实体的内在特性，而关系可用来连接两个实体，刻画它们之间的关联。

（2）逻辑结构

知识图谱在逻辑架构上分为两个层次：数据层和模式层。数据层是以事实（Fact）为存储单位的图数据库，其事实的基础表达方式就是"实体-关系-实体"或者"实体-属性-属性值"。模式层存储的是经过提炼的知识，借助本体库来规范实体、关系以及实体类型和属性等之间的关系。

（3）体系架构

知识图谱的体系架构分为 3 个部分，分别为获取源数据、知识融合和知识计算与知识应用。知识图谱有两种构建方式，自上向下和自下向上。在知识图谱发展初期，知识图谱主要借助百科类网站等结构化数据源，提取本体和模式信息，加入知识库的自上向下方式构建数据库。现阶段，知识图谱大多为公开采集数据并自动抽取资源，经过人工审核后加入知识库中，这种则是自下向上的构建方式。

5.2.3.2　知识图谱的关键技术

（1）知识抽取

知识抽取（Information Extraction）是构建知识图谱的第一步，为了从异构数据源中获取候选知识单元，知识抽取技术将自动从半结构化和无结构数据中抽取实体、关系以及实体属性等结构化信息。

实体抽取，指从源数据中自动识别命名实体，这一步是信息抽取中最基础和关键的部分，实体抽取的准确率和召回率对后续知识获取效率和质量影响很大。

早期实体抽取的准召率（即 F1 值）不够理想，但在 2004 年，Lin 等采用字典辅助下的最大熵算法，基于 Medline 论文摘要的 GENIA 数据集使得实体抽取的准召率均超过 70%。2008 年，Whitelaw 等提出根据已知实体实例进行特征建模，利用模型从海量数据集中得到新的命名实体列表，然后再针对新实体建模，迭代地生成实体标注语料库。2010 年，Jain 等提出一种面向开放域的无监督学习算法，事先不给实体分类，而是基于实体的语义特征从搜索日志中识别命名实体，然后采用聚类算法对识别出的实体对象进行聚类。

关系抽取，用于建立实体与实体之间的联系。经过实体抽取，知识库目前得到的仅是一系列离散的命名实体，为了得到更准确的语义信息，还需要从文本语料中提取出实体之间的关联关系，以此形成网状的知识结构，这种技术则为关系抽取技术。

属性抽取是从不同信息源中采集特定实体的属性信息。例如针对某个公众人物，可以从网络公开信息中得到其昵称、生日、国籍、教育背景等信息。属性抽取技术能够从各个数据源中汇集属性信息，更完整地表述实体属性。

（2）知识融合

通过知识抽取的结果可能存在大量冗余和错误信息，形成的结构化信息也会缺乏层次性和逻辑性，因此需要对抽取来的信息做知识融合，消除歧义概念、剔除冗余和错误概念，提升知识质量。

知识融合分为实体链接和知识合并两部分。实体链接（Entity Linking）指将文本中抽取出来的实体链接到知识库中正确实体。知识合并指从第三方知识库产品或已有数据化数据中获取知识输入，包括合并外部知识库和合并关系数据库。

（3）知识加工

通过知识抽取、知识融合得到一系列的基本事实表达，离结构化、网络化的知识体系仍有一段距离。因此还需要针对这些事实表达进行知识加工，包括本体构建、知识推理和质量评估。

本体构建（Ontology）指对概念建模的规范，以形式化方式明确定义概念之间的联系。在知识图谱中，本体位于模式层，用于描述概念层次体系的知识概念模板。

知识推理指从知识库中已有的实体关系数据经过计算建立新实体关联，从现有知识中发现新知识，拓展和丰富知识网络。例如已知（乾隆，父亲，雍正）和（雍正，父亲，康熙），可以得到（乾隆，祖父，康熙）或（康熙，孙子，乾隆）。知识推理的对象除了实体关系，还包括实体的属性值、本体概念层次关系等。例如已知（老虎，科，猫科）和（猫科，目，食肉目），可以推出（老虎，目，食肉目）。

因为知识推理的信息基础来源于开放域的信息抽取，可能存在实体识别错误、关系抽取错误等问题，因此知识推理的质量也可能存在对应问题，需要在入知识库之前，将推理得来的知识进行质量评估。2011 年，Fader 采用人工标注方式对 1000 个句子中的实体关系三元组进行标注，并作为训练集得到逻辑斯蒂回归模型，用于对 REVERB 系统的信息抽取结果计算置信度。另外，谷歌的 Knowledge Vault 从全网范围内抽取结构化的数据信息，并根据某一数据信息在整个抽取过程中抽取频率对该数据信息的可信度进行评分，然后利用从可信知识库 Freebase 中的先验知识对已评分的可信度信息进行修正，这一方法有效降低对数据信息正误判断的不确定性，提高知识图谱中知识的质量。

5.3　基于深度学习的隧道病害自动识别

三维激光扫描技术可以全视场、精确和高效地获取测量目标的三维坐标及影像数据，具有测量效率高（> 100 万点/s）、测量信息丰富（坐标 + 激光反射率）、测量精度高（mm级）等优势，一次作业可获取隧道结构的几何变形和高分辨率的内壁影像，单台设备的检测作业效率是传统人工检测的 10 倍，但采集获取的隧道内壁图像仍全部需要依靠人眼进行病害识别，单条区间隧道的处理时间平均需要 1 个月左右，结构病害不能实时圈定，时效性低，智能化显著不足。

针对隧道三维激光扫描数据处理中的效率慢、人工干预多等问题，引入人工智能技术，开展基于图像智能识别的改进型卷积神经网络模型构建及部署，对于提升工作精度和效率具有十分重要的现实意义。

5.3.1 数据采集与样本库构建

对于深度学习来说，样本的数量和质量是模型性能最重要的影响因素，数据量越大，训练出来的模型表示能力越强，数据集质量高，可以有效地避免模型过拟合。

为了实现深度学习在隧道三维激光扫描影像识别中的应用，建立了一个数据量大、分布合理的数据集。首先，明确识别对象需求，在已经采集的超过 1000km 的隧道三维扫描影像数据中选择标注影像；其次，针对隧道三维扫描影像数据量大、人工标注工作大，开发一套在线协同标注系统；最后，将上述人工标注的隧道三维激光扫描影像切割成适合深度学习模型训练的尺寸后划分成训练集、测试集、验证集，最终建立具有一定规模的三维激光扫描影像高质量样本库。

5.3.1.1 影像采集

基于上勘集团自主研发的隧道移动激光扫描检测车和配套的隧道内壁反射率影像投影算法，项目团队已完成了上海、南京等地超过 1000km 的轨道交通隧道结构三维激光扫描，拥有丰富的影像数据。图 5.3-1 和图 5.3-2 展示了隧道三维激光扫描检测车的工作原理、实物图和典型的扫描影像。

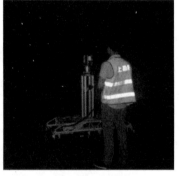

图 5.3-1 隧道三维激光扫描检测车工作原理和实物图

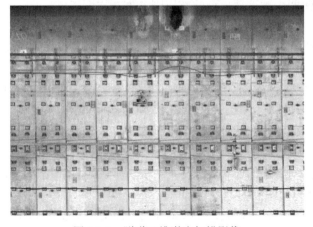

图 5.3-2 隧道三维激光扫描影像

5.3.1.2　影响识别特征分析

在封闭的地下隧道环境中，由于不能使用 GNSS 进行定位，移动激光扫描成果的里程定位通常通过车体匀速移动、安装里程计和惯性测量单元（Inertial Measurement Unit, IMU）来解决，但轴线坐标的累积误差影响太大。利用里程准确的影像标志（盾构隧道环与环之间的结构缝）作为参考对里程进行修正是通行做法。图像识别技术应用前，传统进行每隔一定距离（50～100m）人工输入，数据处理工作量大、效率低，结构缝的机器识别是提升数据后处理效率的瓶颈。同时，由于盾构隧道的结构特点，环向和纵向缝是结构薄弱点，变形较大时突出表现在结构缝的位置，渗漏水、结构破损等大量结构病害都发生在结构纵缝和环缝位置，因而结构缝的智能识别更加重要。

因此，将三维激光扫描图像智能识别特征分为 3 大类：盾构隧道环缝、衬砌拼缝和结构病害（结构破损、渗漏水），如图 5.3-3 所示。

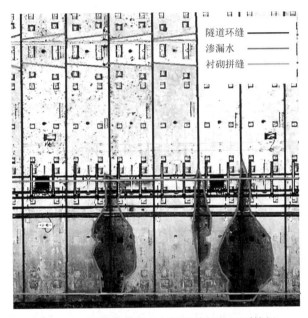

图 5.3-3　隧道三维激光扫描图像智能识别特征

5.3.1.3　基于标注的高质量数据集

随着计算机视觉和深度学习的发展，出现了众多满足不同需求的开源标注系统，如 LabelMe 等。然而，由于隧道三维激光扫描影像数据集区别于其他数据集的独特性，这些标注系统很难全部满足隧道三维激光扫描标注数据集的需求。隧道移动三维激光扫描数据处理系统参与用户角色较为简单，由后台系统管理人员和需要进行数据处理的用户组成。

（1）影像的尺寸：不同于常见的一幅影像，隧道三维激光扫描影像是以一个隧道区间为一幅，影像宽度和隧道区间长度有关，影像高度与隧道半径有关，一般以 tiff 格式存储，分辨率普遍大于 150000×2000，单个影像文件大于 350MB，目前大部分标注软件系统不支持打开这样的大文件。

（2）特殊的标签类型：隧道环缝，衬砌拼缝这两类对象需标注是线段而不是多边形，目前大部分标注软件不支持线段标注。

（3）影像保密性：隧道区间三维激光扫描影像是一类比较特别的数据，属于受控文件，不适宜过多地备份，因此不适合线下拷贝给标注人员标注。

为了满足上述数据标注的需求，需开发一个 B/S 模式隧道三维激光扫描数据标注系统。这个标注系统各个主要功能模块描述如下：

（1）影像上传及发布模块：管理人员将影像上传到服务器并发布，并提供一个标注交互的界面给标注人员。

（2）标注工具模块：对于每一种需要标注的对象类别，设计一个对应的标注工具，提高标注效率。

（3）标注审核模块：标注审核人员审核通过后进入下一步程序生成标注文件；审核未通过则发回重新标注。

（4）标注文件生成模块：文件审核完成后将标注信息和影像数据打包生成一个 json 文件存储，并将隧道影像从线上下架。

标注系统的用户分为两类：管理人员和标注人员。管理人员负责隧道三维激光扫描影像的上传、发布，提交标注审核及最终标注文件生成，标注人员负责影像的标注及现场确认。本标注系统设计为五个主要的流程：影像上传、影像发布、人工标注、标注审核、标注文件生成（图 5.3-4）。

基于隧道三维激光扫描影像数据标注系统的总体功能需求和基本流程，将标注系统分为影像数据发布模块、人工标注交互模块、标注审核模块、标注文件生成模块。其中影像数据发布模块和标注文件生成模块作为本系统核心模块的实现如下：

影像数据发布模块：由于隧道区间扫描影像体量大，普通图片浏览器加载发布技术无法满足需求。为了解决大体量扫描影像数据加载发布的难题，探索了影像发布服务，形成合适的影像及配置信息，生成瓦片及影像金字塔，有效通过服务器发布影像数据，各种客户端都可以使用其影像实时渲染显示等功能，实现隧道三维激光扫描影像在标注系统中的上传及发布。

标注文件生成模块：基于经典的标注系统 LabelMe 的文件标注组织格式，探索采用了 json 文件格式存储扫描影像原始数据、标注对象的位置信息和标注对象类别等信息。根据对象数据量大小，隧道三维激光扫描原始影像数据编码成 base64 格式的二进制数据，标注对象的位置信息采用线段或者多边形顶点坐标数组来表示，对象类别采用数字编号。标注对象类别和位置信息均采用整型存储（图 5.3-5）。

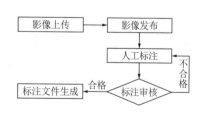
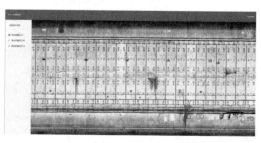

图 5.3-4　隧道三维激光扫描标注系统流程图　图 5.3-5　隧道三维激光扫描影像标注系统标注界面

人工标注的隧道三维激光扫描影像的数据集预处理输入灰度影像，输出为掩模（Mask），切割区间隧道三维激光扫描影像，划分训练集及测试集，各特征的像素占比分布情况如图 5.3-6 所示。

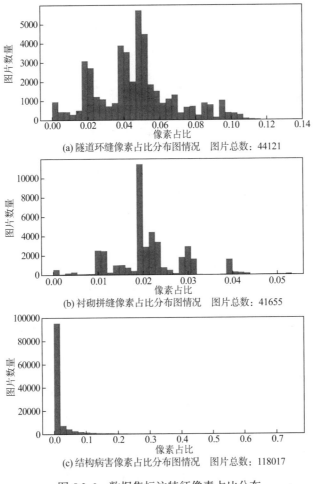

(a) 隧道环缝像素占比分布图情况　图片总数：44121

(b) 衬砌拼缝像素占比分布图情况　图片总数：41655

(c) 结构病害像素占比分布图情况　图片总数：118017

图 5.3-6　数据集标注特征像素占比分布

5.3.2　深度学习模型建立与训练

5.3.2.1　影像数据集增强

通过对数据集的影像加入一定的随机变换扰动来扩大数据集的方法能有效地降低卷积神经网络模型在训练集过拟合风险，提高样本不均衡情况下模型的泛化能力。

综合隧道三维激光扫描影像的特点及图像分割的任务目标，在训练集中加入随机翻转、随机仿射变换、随机弹性变换及随机噪声来增强样本集，如图 5.3-7 所示。

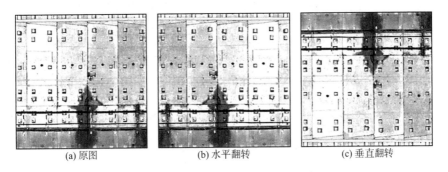

(a) 原图　　　　　　　　　(b) 水平翻转　　　　　　　　　(c) 垂直翻转

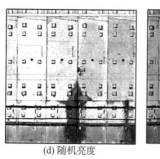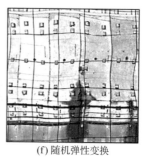

(d) 随机亮度 　　　　(e) 随机对比度 　　　　(f) 随机弹性变换

图 5.3-7　图像增强方法

5.3.2.2　渗漏水病害识别螺旋式共享网络模型

渗漏水隧道图片中，渗漏处常常以颜色较深的形式并成片出现，视觉观感较为明显，与计算机视觉中的显著性目标检测任务较为接近。基于显著性目标检测的方法，构建了一种两阶段的基于深度学习的隧道渗漏水病害的识别模型。

在所构建的数据集里，输入图片中含有渗漏水病害部分较少（19.46%），数据分布较不平衡；计算机视觉中显著性目标检测任务的输入图片中，均包含显著性目标。为避免数据分布不平衡对检测网络的检测结果造成影响，设计了分类-检测二阶段的螺旋式共享网络。

图 5.3-8　阶段一处理流程

（1）阶段一（分类阶段）

采用分类网络，对于输入的水渍图片，给出一个二分类预测，0 表示不包含水渍，1 表示包含水渍（图 5.3-8）。

（2）阶段二（检测阶段）

在检测阶段，为了准确检测水渍目标，设计一种螺旋式共享网络（Spiral Sharing Network），包含三个分支，每个分支利用四个跳接模块进行信息共享，如图 5.3-9 所示。

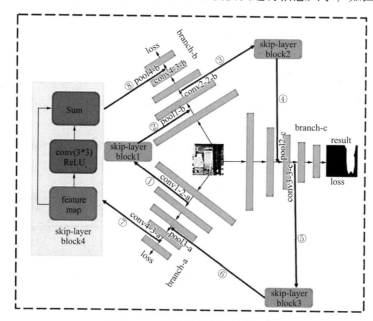

图 5.3-9　螺旋式共享网络结构

150

该网络利用共享的多层次特征信息可以有效检测出输入图片中的水渍病害信息。其中的跳接层模块（Skip-Layer Block）借鉴了 ResNet 的思想，将不同层的信息融合，可以更好地将高层的全局语义信息和底层的水渍纹理信息结合，提升水渍病害的检测效果。三分支的设计也增强了网络的检测能力，增强了系统的稳健性。

5.3.2.3 三维激光扫描影像分割模型

结合隧道三维激光扫描影像分割任务的特点，按照上节所述影像分割模型的几个关键思路进行设计，建立了隧道三维激光扫描影像分割模型，其网络架构如图 5.3-10 所示。

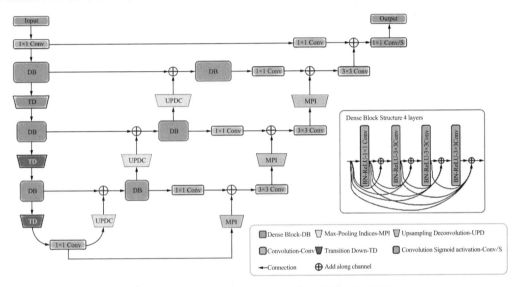

图 5.3-10 隧道三维激光扫描影像分割模型架构图

本模型是基于编码器-解码器的对称架构。对于隧道结构缝的识别，能有效提高精度。模型识别效果如图 5.3-11～图 5.3-13 所示。

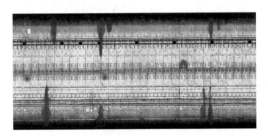

图 5.3-11 隧道结构病害整体识别效果

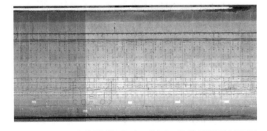

图 5.3-12 隧道结构缝（环缝）整体识别效果图

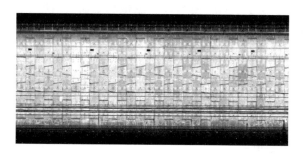

图 5.3-13　隧道结构缝（衬砌拼缝）整体识别效果图

5.3.3　工程应用

基于三维激光图像病害智能识别技术，从 2018 年 4 月到 2020 年 8 月两年多的时间内，在施工影响的某市地铁隧道区间进行了 20 次隧道三维激光扫描影像数据采集工作，总计生成 40 套影像，图像识别技术检出病害总计 1405 个，检测准确率 93.5%，召回率 86.3%，平均一次作业数据处理耗时总计 1h，较传统全人工处理效率提高 5 倍。

图 5.3-14 展示了某线路区间若干环的结构从 2019 年 3 月到 2019 年 10 月病害出现、发展和治理的整个过程。通过影像识别技术发现病害及时治理，以围护结构安全。

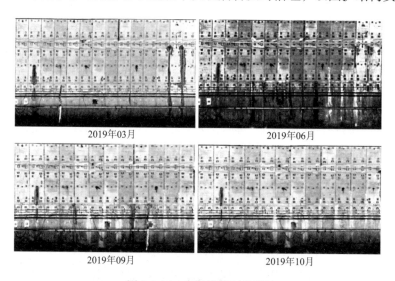

图 5.3-14　多期影像对比图

5.4　隧道结构安全影响因素关联分析

5.4.1　应用概述

影响运营隧道结构安全的因素多样复杂，综合考虑不同因素或因素组合对隧道结构的影响程度是近年来研究的重点和难点。层次分析法、模糊综合评判法与属性识别法等传统方法大多依赖于专家经验，可能会忽视许多影响因素间潜在的关联。

关联分析（Association Analysis）是数据挖掘技术的一种，其目的是发现大型数据集中潜在的联系，即关联规则（Association Rule）。对隧道结构安全的影响因素进行关联分析，可以得到隧道埋深、服役时长、土层等条件与隧道变形病害等结果之间的关联性，往往可以得到潜在关联规则。

5.4.2　算法原理

关联规则$X \Rightarrow Y$描述了项集X与Y之间相关性，其中，X与Y均为I的子集，且两项集不相交。支持度（support）和置信度（confidence）是目前较为常用的关联规则评价指标，其计算公式分别为：

$$support(X \Rightarrow Y) = \frac{\sigma(X \cup Y)}{N}$$

$$confidence(X \Rightarrow Y) = \frac{\sigma(X \cup Y)}{\sigma(X)}$$

两式中，N表示数据集D中包含的数据量，$\sigma(X)$表示具有X属性的数据在数据集D中出现的次数。$\sigma(X \cup Y)$则表示同时具有X与Y属性的数据在数据集D中出现的次数。

支持度描述了关联规则在数据集中出现的频繁程度，支持度很低的规则很有可能不具有普适性，通常会设置最小支持度阈值用于剔除偶然出现的无意义规则。置信度则描述了项集Y在包含项集X的数据中出现的频率。规则$X \Rightarrow Y$的置信度越高，表示当X出现时，Y越有可能出现。可通过设置最小支持度阈值以筛选相关性较差的关联规则。

同时满足最小支持度和最小置信度要求的关联规则称作强规则。强规则可以反映两个频繁项集的相关性。满足强规则要求无法说明两者间具有必然的因果关系，但不满足强规则要求的关联规则通常不具有意义。因此，关联规则的挖掘问题可以转化为在数据集中找出支持度和置信度满足最小阈值要求的强关联规则。由于强规则一定是由频繁项集组成的，因此关联分析可分为频繁项集查找与关联规则查找两个阶段。根据数据特点的不同，关联规则还可以划分为以下几类：

根据关联规则中所涉及数据维度的不同，可划分单维关联规则和多维关联规则。对于关联规则$X \Rightarrow Y$，若X的项涉及一个维度，称该规则为单维关联规则；若X涉及多个维度，则称作多维关联规则。由于与隧道结构安全相关的影响因素众多，重点关注对多维关联规则的挖掘。

根据数据集的数据类型，关联规则可细分为布尔关联规则和量化关联规则。布尔关联规则关注项集元素是否出现在规则中，适用于离散取值或经过离散化处理的数据。量化关联规则进一步描述了项集直接的统计性质，通常会选用均值、中位数、方差等统计量数据属性进行汇总。量化关联规则无法使用置信度等评价指标进行评价，可以通过假设检验验证关联规则的有效性。隧道管片的结构病害信息为离散类型（是否具有病害），而变形监测数据为连续值，这里分别采用布尔关联规则与量化关联规则进行分析。

最原始的关联规则计算方法是遍历计算每个规则的支持度和置信度，但是遍历方法的计算量会随着项集数目和数据集规模的增加而指数级增长，需要采用合理的数据结构和优化方法提升频繁项集的查找效率。Apriori 算法和 FP-growth 算法是目前最常用的关联规则挖掘算法。

5.4.2.1 Apriori 算法

Apriori 算法是第一个关联规则挖掘算法,其基于先验原理对候选项集进行了剪枝,有效避免了候选项集的指数级增长。先验原理的表述为:如果一个项集是频繁的,则其所有子集也一定是频繁的;反之,非频繁项的超集也一定是非频繁的。先验原理体现了支持度计数的反单调性,即一个项集的支持度计数不会超过其子集的支持度。

基于该原理,Apriori 算法采用如下策略对候选项集进行了优化:初始时认为所有的 1-项集(只具有一个元素的项集)都为候选项集,统计每个候选项的支持度,并根据最小支持度阈值筛选出 1-频繁项集;在下一轮迭代中,使用 1-频繁项集产生候选 2-项集(先验原理保证了包含 1-非频繁的项集也一定是非频繁的),统计候选项集的支持度计数并筛选出 2-频繁项集;重复上述迭代过程,直至无频繁项产生,算法结束。由 $(k-1)$-频繁项集产生 k-候选项集的过程称作连接;而基于支持度剔除非频繁的过程称作剪枝。

Apriori 算法产生频繁项集有两个特点:第一,是逐层查找,即查找过程是从 1-频繁项集逐渐到最长的频繁项集;第二,算法使用产生-测试(Generate-Test)策略来发现频繁项集,即每次迭代后,新的候选集都是由上次迭代的频繁项集产生的。该算法所需的总迭代次数为 $k_{max}+1$,其中 k_{max} 是频繁项集中的最长长度。

Apriori 算法的计算复杂度受到支持度阈值、数据集大小、项集的大小和项数(维度)等因素的影响。对于较大的数据集,例如,若数据集中有 104 个 1-频繁项集的数据集,Apriori 算法将产生 107 个候选 2-项集,导致算法效率较低。

为进一步提高频繁项集的查找效率,目前已有多种 Apriori 算法的改进方法,如采用散列、事务压缩、划分及动态项集技术等方式对 Apriori 方法进行优化。但是,Apriori 算法需要多次扫描数据库,并且会产生大量的候选项集,并不适用于大型数据集。

5.4.2.2 FP-growth 算法

FP-growth 算法,又称 FP-增长算法,由 J. Han 于 2004 年提出,是目前最为常用的关联规则挖掘算法。FP-growth 算法利用特殊的 FP-树结构对数据集进行了压缩,极大地提高了频繁项集的查找效率。

与 Apriori 算法不同,FP-growth 算法只需对数据集进行两次扫描。第一次扫描时,对每个项进行支持度计数与降序排序,并根据最小支持度舍弃非频繁项。第二次扫描用以构建 FP-树。FP-树的根节点为空,其余节点代表项,树中路径则代表对应节点组成的项集。将数据集中每条事务依次映射至 FP-树的路径中,并将不同路径下代表相同项的节点通过指针相连,完成 FP-树的构建。

因为共同前缀的存在,FP-树的大小通常要显著小于未压缩的数据集。此外,FP-树的大小也与事务的顺序相关,FP-树的压缩效果越好,频繁项集的查找效率越高。相同结点之间的指针将助于快速产生频繁项集。查找频繁项集时,自底向上对 FP-树进行扫描。FP-growth 算法将查找长频繁模式的问题分解为查找具有特定后缀的频繁项子问题,无需再次对数据集进行扫描即可得到频繁项集。

FP-树方法的性能研究表明,对于挖掘较长或较短的频繁模式,该算法都是有效的和可规模化的，并且运算速度会比 Apriori 算法快一个数量级。考虑到隧道结构安全知识图谱的数据规模较大，采用效率更高的 FP-growth 算法挖掘关联规则。

5.4.3　数据预处理

与管片变形或病害相关的影响因素有很多，基于地铁区间隧道结构长期收敛监测、病害巡查的海量数据，以及积累的科研成果与工程经验，考虑各属性的重要性并兼顾获取数据的便利性，本书选择以下影响因素进行分析：管片顶部埋深、管片埋深范围内土层的 p_s 值与灵敏度、工程地质、水文地质、结构形式、服役时长、上覆条件、管片初次收敛测值、收敛测值、差异沉降值以及是否有结构病害。

原始语料库中包括了管片的坐标、埋深与服役时长等基本信息以及收敛与沉降测值等监测数据。管片所在土层的 p_s 值与灵敏度等数据则根据管片坐标查找附近的钻孔数据得到。同一管片通常会有多次变形测值，数据集中以管片的某次变形监测为一条记录，保留管片的其他数据；对于病害数据，仅考虑发生裂缝、缺损、渗水或滴漏等结构病害的管片，并根据记录时间将病害数据与监测数据进行对齐处理。

FP-growth 算法只能应用于离散取值的属性集，需要对取值为连续值的属性进行离散化处理。本书结合专家经验与上海市工程建设规范《岩土工程勘察规范》DGJ 08—37—2012 等规范，对管片顶部埋深、管片所在土层的 p_s 值与灵敏度以及收敛测值等数据进行了离散化处理。经离散化后，管片的各属性及其取值如表 5.4-1 所示。

隧道管片特征离散化表　　　　表 5.4-1

属性	离散化取值
结构形式	单圆、双圆
上覆条件	河湖、堆场、建筑、道路、广场公园
工程地质分区	ⅠA、ⅠB、ⅠBE、ⅡA、ⅡA′、ⅡB、ⅢA、ⅢB、ⅢAE、ⅡBE、ⅢBE
隧道顶埋深	浅埋（顶埋深＜10m）、中埋（顶埋深 10～20m）、深埋（顶埋深＞20m）
土层灵敏度	低灵敏度（灵敏度＜2）、中灵敏度（灵敏度 2～4）、高灵敏度（灵敏度＞4）
土层 p_s 值	p_s 值＜0.6MPa、p_s 值 0.6～1.0MPa、p_s 值 1.0～1.5MPa、p_s 值＞1.5MPa
服役时长	服役＜2 年、服役 2～5 年、服役 5～10 年、服役＞10 年
管片初始收敛	初始收敛＜1cm、初始收敛 1～2cm、初始收敛 2～3cm、初始收敛＞3cm
管片收敛测值	收敛＜2cm、收敛 2～4cm、收敛 4～6cm、收敛＞6cm

注：工程地质分区的标准参照上勘集团的已有成果。

5.4.4　关联规则挖掘与评价

5.4.4.1　量化关联规则评价

管片除收敛变形外的其他属性基本不随隧道服役时长变化，分别考虑各项属性集在隧道不同服役时长下对管片收敛值的影响。取阈值为 20mm，置信水平为 95%（即 $Z=1.645$）时，得到如图 5.4-1 所示的关联规则结果。

图 5.4-1 中，横轴为隧道管片的服役时长，纵轴为收敛变形值。各子图分别描述了不同服役时长下，包含与不包含该图所述频繁项集的管片收敛均值情况。当管片的服役时长位于灰色区域时，统计量Z大于临界值，可认为管片属性集中是否包含该项集对管片收敛值的影响大于 20mm，即该项集对应的影响因素组合可能导致管片发生较大的收敛变形。

可以看出，在隧道运营中期（服役时长 6～10 年），较大的初始收敛值会导致管片收敛值显著增加，这同样反映了隧道建设的初始状态对于管片结构安全的影响。深埋隧道的抗变形能力相对较强，管片的收敛变形值在运营初期相对稳定；但是随着服役时长的增加，深埋管片在隧道运营中期（7～10 年）也会逐渐发展。管片所在土层性质对于其收敛变形的影响最大。较低的土层p_s值与灵敏度会使管片在 4～9 年的运营期限内发生较大的变形。

图 5.4-1 中仅绘制了服役时长小于 10 年时的数据，这是因为随着隧道服役时间的增长，管片的收敛变形与其附近土层的变形逐渐趋于稳定，在初始状态相似的情况下，各因素组合对管片变形的影响已无显著差异。

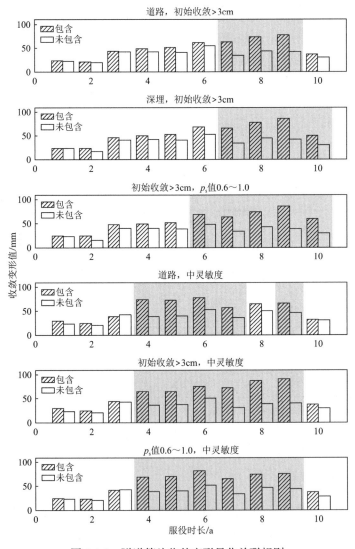

图 5.4-1　隧道管片收敛变形量化关联规则

5.4.4.2　离散关联规则评价

根据已有研究成果，当隧道管片的收敛变形值大于 4.6‰D（D 为隧道管片外径）时，管片结构会达到混凝土的强度设计值 25.3MPa；收敛变形值大于 7.7‰D 时，管片连接螺栓会出现较大的应力，接近其屈服强度；当收敛变形值大于 9.6‰D 时，管片纵缝张开量会接近渗水控制目标（6mm），此时管片可能会发生开裂或渗漏水；当收敛变形值大于 13.9‰D 时，会达到混凝土的强度标准值，此时隧道将有较大的结构安全风险。

因此，将收敛变形值离散化为"< 2cm"、"2～4cm"、"4～6cm"与"> 6cm"四个等级，并根据变形等级将管片数据集划分为四个子集，即可采用离散关联规则分析与管片大变形相关的影响因素组合。与病害关联规则类似，分别统计收敛变形大于 6cm 的管片子集中各频繁项集在其余数据中出现的次数，并使用提升度作为关联规则的评价指标。

绘制各影响因素组合对不同收敛变形等级的提升度热力图如图 5.4-2 所示。

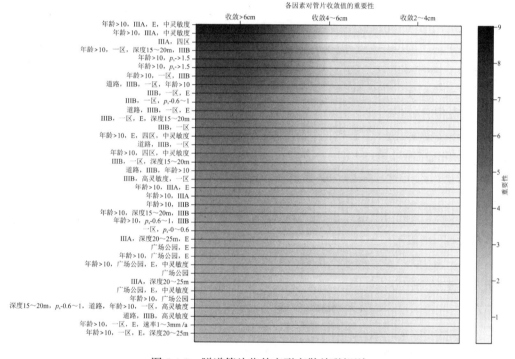

图 5.4-2　隧道管片收敛变形离散关联规则

由此可以看出，隧道的年龄和地质分区是影响管片收敛变形的关键特征。服役时长大于 10 年的管片与软弱地层组合时，管片易出现大于 6cm 的大变形，其提升度可达 6 以上，即该组合与管片大变形间存在较为显著的相关性，应引起养护管理部门的重视。

5.5　隧道长期变形预测

5.5.1　应用概述

轨道交通作为城市的命脉，其运营安全是城市安全的重要保障。隧道是城市轨道交通的主要形式之一，其结构安全受地质条件、施工质量等各种复杂因素影响，各种因素之间会形成复杂的非线性关系。及时的隧道结构变形是其安全状态的重要指标，目前通过自动化感知手段可以精准感知变形量，但是如何预估变形趋势一直是个难点，传统的数值模型和数值回归方法在可靠性和泛化能力上存在不足，而能够考虑多因素共同影响的数据挖掘技术提供了新的解决思路。

考虑到盾构隧道管片的变形不仅存在时间上的相关性，而且还会受相邻的管片的影响，存在空间上的相关性，因此采用了基于 Conv-LSTM 算法的结构变形预测模型，通过 Conv-LSTM 模型，能够同时提取数据中的空间和时间特征。通过模型的优化，保证了预测精度，从而为工作人员提供隧道结构变形的发展趋势，提供辅助决策。

5.5.2 算法原理

Conv-LSTM 模型在 LSTM 模型基础上引入卷积计算，使得模型不仅可以像 LSTM 一样刻画长短期的时间特征，还可以像卷积神经网络（CNN）模型一样提取局部空间特征。因此可以用来解决时空序列的预测问题。

因为需要同时考虑管片的空间分布和时间相关性，所以采用 Conv-LSTM 模型来解决这个问题。在模型中，仍然使用 LSTM/GRU 单元组成序列化预测模型，捕捉数据的时间相关性，通过拟合数据的变化趋势，来预测下一时刻的数据。同时，在每一个 LSTM/GRU 单元内，还会额外经过一个卷积层，根据设定的卷积核，卷积层会汇聚周围管片的信息。最后，时间和空间信息通过 LSTM/GRU 单元 + 卷积层结合在一起。通过这种方式，我们能够通过之前时刻的管片数据，以及该管片周围管片的数据，来预测该管片下一时刻的数据。

Conv-LSTM 的最初应用场景是利用序列图像来预测天气。首先，LSTM（FC-LSTM）应对序列数据，可以很好地解决梯度消失和梯度爆炸的问题，所以可以获取长期依赖关系。CNN 可以获取图像的局部特征，在图像识别方面效果显著。Conv-LSTM 有效地将二者结合起来，其主要工作方式如图 5.5-1 所示。

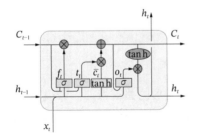

$$i_t = \sigma(w_{xi} \cdot x_t + w_{hi} \cdot H_{t-1} + w_{ci} \cdot C_{t-1} + b_i)$$
$$f_t = \sigma(w_{xf} \cdot x_t + w_{hf} \cdot H_{t-1} + w_{cf} \cdot C_{t-1} + b_f)$$
$$C_t = f_t \cdot C_{t-1} + i_t \cdot \tanh(w_{xc} \cdot x_t + w_{hc} \cdot H_{t-1} + b_c)$$
$$o_t = \sigma(w_{xo} \cdot x_t + w_{ho} \cdot H_{t-1} + w_{co} \cdot C_t + b_o)$$
$$H_t = o_t \tanh(C_t)$$

图 5.5-1　Conv-LSTM 的主要工作方式

Conv-LSTM 的主要结构组成是输入门，遗忘门和输出门。在 LSTM 的基础上，Conv-LSTM 接收二维数据，并对其做卷积操作（图 5.5-2）。Conv-LSTM 的核心和 LSTM 一样，将上一层的输出作为下一层的输入。不同的地方在于 Conv-LSTM 加入了卷积操作，不仅能够得到时序关系，还能够在卷积层中提取空间特征，这样 Conv-LSTM 就可以同时提取时间特征和空间特征（时空特征），并且状态与状态之间的切换也是卷积运算。

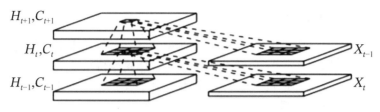

图 5.5-2　Conv-LSTM 内部卷积操作示意图

与 LSTM 相比，Conv-LSTM 主要是 W 的权值计算都变成了卷积计算，Conv-LSTM 公式中，i、f、C、o、x、h 都是三维的张量，而在 LSTM 中都是二维的。本质上，LSTM 也可以看作是 Conv-LSTM 在低维情况的特例。

5.5.3　应用案例

本案例收集整理了某市若干条地铁线路的隧道结构安全数据，包括管片顶部埋深、管片埋深范围内土层的工程地质、水文地质、结构形式、服役时长、收敛测值、是否有结构病害等特征及变形数据。

5.5.3.1　数据预处理

（1）数据补全

隧道结构安全数据中存在大量的缺失数据，对于缺失数据的处理一般可以分为两类：一类是丢弃缺失较多的特征维度，避免引入过大的干扰；另一类是利用邻近管片的数据进行拟合，获取到接近真实值的数据。考虑到各维度信息对最后预测的影响未知，贸然丢弃某个维度的信息，可能会带来不可预知的损失，所以采用第二种方案，对缺失的数据进行拟合，而且使用的特征信息大多是连续数据，因此使用回归模型进行拟合。

（2）数据归一化

抽取的数据中通过管片的环号唯一确定一个隧道管片，抽取的信息包括隧道管片随时间变化的特征和不随时间变化的特征。隧道管片随时间变化的特征有隧道管片的收敛值和相对设计半径的变形值，不随时间变化的特征有隧道管片埋深、地质分区和水文地质分区等。

在训练变形预测模型之前，需要对非连续型数据做预处理，连续特征需要做归一化处理，归一化是指将特征数据经过处理后限制在 0～1 范围内，计算方式为：

$$X = \frac{X_i - X_{\min}}{X_{\max} - X_{\min}}$$

式中：　　X_i——归一化前某一结构特征数据；

$X_{\max}$，$X_{\min}$——该特征的最大最小值；

X——归一化后的该结构特征数据。

（3）数据分类

分类特征用独热编码处理，独热编码是利用 0 和 1 表示一些参数，使用 N 位状态寄存器来对 N 个状态进行编码，如隧道管片所在的地质分区包括一、二、三、四区共四个分区，则用[1,0,0,0]表示一区，[0,1,0,0]表示二区，三区和四区以此类推。

5.5.3.2　模型训练和评估

在数据预处理之后，开始构建 Conv-LSTM 神经网络模型。本案例利用 2017—2019 年的隧道管片数据训练模型，其中 2017—2018 年的管片属性特征及变形数据作为训练数据，2019 年的管片属性特征及变形数据作为测试数据。然后设定模型训练的学习率（设为 0.001）和训练次数（设为 500 次）等参数，从而训练出隧道管片收敛变形预测的 Conv-LSTM 模型。利用训练出的模型，将 2017—2019 年的隧道管片属性特征数据作为输入数据，便可以预测 2020 年的管片收敛变形。

回归算法的评价指标可以用均方根误差（Root Mean Squared Error, RMSE）和平均绝对误差（Mean Absolute Error, MAE）来表示，都是描述预测值与真实值的误差情况。两种评价指标的计算方式为：

$$RMSE = \sqrt{\frac{1}{m}\sum_{i=1}^{m}\left(y_i - \bar{y}_i\right)^2}$$

$$MAE = \frac{1}{m}\sum_{i=1}^{m}\left|y_i - \bar{y}_i\right|$$

上述训练模型过程中的误差变化如图 5.5-3 所示。可以看到，误差随着迭代次数的增加总体在不断下降，最后趋于平稳，训练集和测试集误差均达到了 10^{-5} 数量级，已经可以满足正常使用要求。

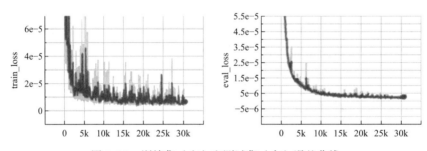

图 5.5-3　训练集（左）和测试集（右）误差曲线

图 5.5-4 是某地铁 2 条不同线路 2020 年的收敛数据模型预测值和真实值的对比（根据隧道区间划分，横坐标为环号，纵坐标为变形值）。可以看到，预测值与真实值十分接近，通过计算可以得到误差均方根为 3mm，平均绝对误差为 0.3mm。由此可见，利用训练的 Conv-LSTM 模型可以得到较高精度的预测结果。

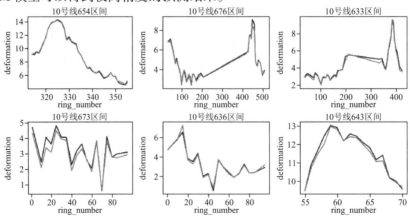

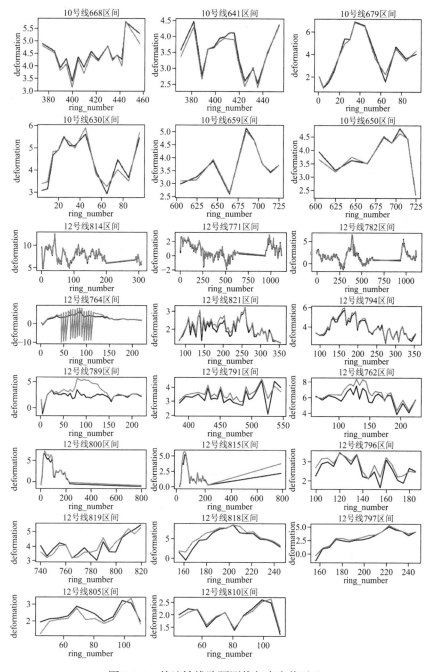

图 5.5-4　某地铁线路预测值与真实值对比

5.6　运营隧道结构病害预测

5.6.1　应用概述

近年来，深度学习在提取数据特征方面（用于分类和预测）获得巨大成功，在图数据上应用深度学习算法更是当前最热门的研究方向。本节中的案例将图注意力网络引入隧道结构病害预测中，利用隧道结构安全数据的特点，构建数据的时空网络，并训练图注意力网络，从而预测隧道结构病害发展趋势，为隧道病害防治提供了新思路。在工程实践中，以大量的隧道管片结构安全数据为研究对象，训练的模型预测精确率和召回率均达80%以上，预测结果可为隧道维保部门和相关政府监管部门提供隧道结构病害防治的辅助决策，重点关注可能发生严重病害的隧道区间，从而进一步厘清隧道病害的发展趋势。

5.6.2 算法原理

近年来，深度学习在提取数据特征上取得了巨大成功，在图数据上应用深度学习的图神经网络（GNN）算法应运而生。图是一种重要的数据结构，其中节点可以表示实际问题中的实体，边可以表示实体间的复杂关系。在隧道结构安全数据中，隧道管片可看作图中的节点，隧道管片的时间和空间连接关系可看作是图中的边，从而判断隧道管片是否发生病害的问题转化为图中的节点分类问题，同时也利用了不同管片之间的位置关系。

最初始的图神经网络通过建模图上信息扩散的过程对节点和拓扑结构进行表征，过程如图 5.6-1 所示。

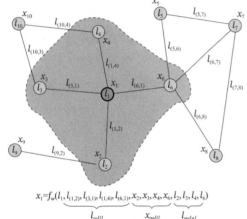

$$x_1 = f_w(l_1, \underbrace{l_{(1,2)}, l_{(3,1)}, l_{(1,4)}, l_{(6,1)}}_{l_{co[1]}}, \underbrace{x_2, x_3, x_4, x_6}_{x_{ne[1]}}, \underbrace{l_2, l_3, l_4, l_6}_{l_{ne[n]}})$$

图 5.6-1　图神经网络单个节点聚合示意图

GNN 模型基于信息传播机制，每一个节点通过相互交换信息来更新自己的节点状态，直到达到某一个稳定值，GNN 的输出就是在每个节点处，根据当前节点状态分别计算输出。图注意力网络（GAT）是其中一种典型的模型，是将注意力机制引入图神经网络，动态地给每个相邻节点分配权重，并根据权重和相邻节点的特征来更新自己的特征向量。

GAT 模型通过堆叠图注意力层实现，单层图注意力网络如图 5.6-2 所示，因为每个节点参数矩阵是共享的，所以图中只展示单个节点的消息汇聚过程。GAT 单层的输入是节点特征集合，输出是一个新的节点特征集合。

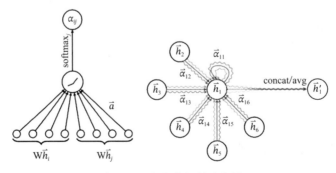

图 5.6-2　注意力机制示意图

为了计算每个相邻节点的权重，通过一个 $F' \times F'$ 的共享权重矩阵 W 应用于每个节点，计算出节点分配到每个相邻节点上的注意力（权重）：

$$e_{ij} = a(W\vec{h}_i, W\vec{h}_j)$$

式中：a——一个注意力（权重）计算函数；

　　　W——所有节点共享的参数矩阵；

　　　e_{ij}——衡量了节点j对节点i的重要程度。

函数a的具体表达形式如下：

$$a(x, y) = \text{LeakyRelu}(\vec{a^{\mathrm{T}}}[x \parallel y])$$

式中：a^{T}——参数向量；

　　　$\parallel$——按行拼接操作。

所以最后归一化的权重系数为：

$$\alpha_{ij} = \text{softmax}(e_{ij})$$

$$= \frac{\exp(\text{LeakyRelu}(\vec{a^{\mathrm{T}}}[W\vec{h_i} \parallel W\vec{h_j}]))}{\sum\limits_{k \in N_i} \exp(\text{LeakyRelu}(\vec{a^{\mathrm{T}}}[W\vec{h_i} \parallel W\vec{h_j}]))}$$

式中：LeakyRelu——前馈神经网络的激活函数。

其具体表达式为：

$$\text{LeakyRelu}(x) = \begin{cases} x, & x \geqslant 0 \\ \dfrac{x}{b}, & x < 0 \end{cases}$$

式中：b——（$1, +\infty$）区间内的固定参数。

这样即可得到节点i的表示（更新表达式）：

$$\vec{h_i'} = \sigma(\sum_{j \in N_i} \alpha_{ij} W\vec{h_j})$$

式中：σ——激活函数，比如 Relu 或者 Sigmoid 函数等。Sigmoid 函数定义如下：

$$S(x) = \frac{1}{1 + e^{-x}}$$

在本节中，根据隧道结构数据的特点构建如下时空网络。首先，同时刻的相邻管片顺次连接，表示管片的空间相关性。同时，相邻时刻的相同管片也顺次连接，表示管片的时间相关性。通过这样的连接方式，将所有的管片构成一张时空图（图 5.6-3），通过挖掘相邻时刻、相邻位置管片的特征，来判断当前管片是否有发生病害的可能。

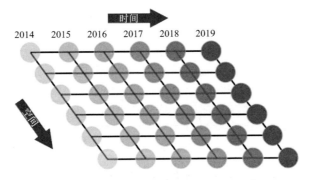

图 5.6-3　隧道结构安全数据时空网络示意图

当构建好管道的时空图后，采用图注意力网络算法对上述时空网络进行处理。需要注意的是，考虑到时间相关性的方向性，同一时刻的相邻管片能够互相感知到对方的信息。但对于相邻时刻的相同管片，消息只会从前一时刻传播到下一时刻的管片上，而不会反向传播。最后，经过 Sigmoid 函数，我们可以得到每个管片发生病害的概率。在训练数据和测试数据的选择上，以前 $n-1$ 年作为训练数据，第 n 年作为测试数据。预测时用训练好的模型和前 $n+1$ 年的数据预测第 $n+1$ 年每个管片的病害情况。

本节基于 PyTorch 深度学习框架搭建上述神经网络模型，针对数据处理、模型搭建及预测，具体的实施流程如下：

（1）加载隧道结构安全数据，包括管片的空间相连关系、每个管片的时不变特征（如管片的埋深、年龄等）、时变特征（如连续几年的收敛值）及目标变量（连续几年的病害情况）。

（2）将数据作预处理。其中的分类变量特征作独热编码处理，连续变量作标准化处理；如存在缺失值可做插值处理。

（3）将数据按图中的方式构建为时空网络，并按时间划分为训练数据和测试数据。

（4）加载神经网络模型，根据步长、迭代次数、学习率等参数进行训练，加载测试数据得到模型评价。

（5）输入预测数据，得到每个管片的病害预测概率。

5.6.3 应用案例

本案例以某市 6 条运营地铁线路共 68055 环管片为研究对象，根据 2014—2016 年的病害记录及相应的收敛和特征数据，预测 2017 年的病害情况，并与 2017 年的真实病害情况作对比，分析模型预测的效果。

5.6.3.1 数据预处理

隧道结构病害受多因素影响，结合工程经验确定各种因素，收集整理隧道结构安全数据，确定神经网络模型的输入，其中隧道管片的特征是结合专家经验选取的，比如隧道管片的埋深、收敛测值等（表 5.6-1）。

隧道管片不随时间变化的特征示例数据　　　　　　　　　　表 5.6-1

环号	属性 1	属性 2	属性 3
XXX17	8.1038	0.02009	A
XXX18	8.10282	0.02009	A
XXX21	8.09988	0.05441	A
XXX26	8.07522	0.01476	B
XXX31	8.06386	0.05822	B
XXX36	8.0495	0.05954	E

模型以下列方式来获取管片之间的空间相连关系的：获取每条线路的区间连接关系，比如（158，159，160，146，147，148，149，150，151，152，153，154，155，156，157，

161，162，163，164，165，166，167，168，169，170，171，172），其中，数字表示区间的编号。每个管片都有唯一对应的区间，区间内每个管片有按顺序排列的管片编号，因此可以根据这种连接关系得到管片的空间连接关系，从而可以结合上述管片的属性数据和管片空间相连关系构建时空网络。

在进行图注意力网络训练模型之前，同样需要对数据做预处理，连续特征需要做归一化处理，归一化是指将特征数据经过处理后限制在 0~1 范围内，分类特征用独热编码处理。

5.6.3.2　模型训练和评估

数据处理之后便可划分训练集（2014—2015 年的数据）和测试集（2016 年的数据），设定训练的学习率（本书设为 0.001）、训练次数（本书设为 500 次）等参数，训练图注意力网络。

由于隧道管片中没有发生病害的占大多数，模型的准确率并不能真实反映模型的效果，因此本文主要是利用 F1 值来评价模型的效果，从公式中可以看出，F_1 值越接近 1，说明模型越可靠。下图为训练模型过程中每次迭代时的 F_1 值，可以看到，随着迭代次数的增加，F_1 值一直在增加且越来越接近 1，说明训练的模型越来越好。

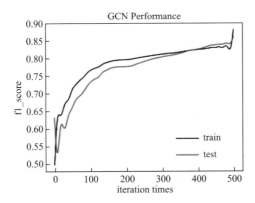

图 5.6-4　训练过程中随迭代次数的 F_1 值变化情况

利用上述训练好的模型和 2014—2017 年的隧道结构安全数据（同训练模型一样，需要构建成时空网络），可以预测 2017 年的病害情况，示例见表 5.6-2。

病害预测结果示例		表 5.6-2
环号	是否发生病害	发生病害概率
XXX21	1	0.850654423
XXX26	1	0.752305925
XXX31	0	0.489590824
XXX36	0	0.427231163
XXX41	0	0.469389498
XXX46	0	0.480575085
XXX56	0	0.474681109

同时，我们将隧道管片发生的病害真实情况与预测情况做对比，生成如图 5.6-5 所示的

混淆矩阵，可以看出模型的预测效果，本文设定管片发生病害为正样本。图中横坐标为预测值标签，纵坐标为真实值标签，0 表示没有病害，1 表示发生病害。可以算出精确率为81.9%，召回率为90%，F_1值为85.7%。

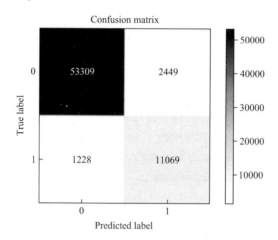

图 5.6-5 2017 年隧道管片病害预测值与真实值的混淆矩阵

5.7 岩土工程数据挖掘算法服务平台

5.7.1 背景与需求分析

近年来，人工智能（AI）产业高速发展，在很多应用场景中都取得了颠覆性的应用效果，人工智能技术及产品在企业设计、生产、管理、营销、销售多个环节中均有渗透且成熟度不断提升。但是要认识到，人工智能技术作为数字化转型中的引领技术之一，在各个行业中的分布和发展不均。在零售、金融等领域，人工智能技术已经在很多应用场景中大规模应用并取得了很好的效果。但在岩土工程当中，人工智能技术的渗透率和使用度都较低。总结人工智能在岩土工程中的落地应用卡点，主要体现在以下几个方面。

（1）数据量：岩土工程的信息化和数字化程度较低，较为全面和完整的结构化数据积累不足。

（2）场景复杂度：与金融零售等泛客户端领域相比，岩土工程专业性要求很高，特定的专业应用场景对于算法的开发人员来说，理解较为困难，开发出可以适用于专业场景的算法难度高，能够解决实际问题的算法较少。

（3）人工智能技术门槛高：人工智能技术在岩土工程中的应用落地，最终要落在岩土工程专业人员上，但人工智能的相关技术十分复杂，学习成本较高，岩土工程的专业人员需要花费大量时间精力学习相关技术。

以上是导致人工智能技术在工程领域中难以应用落地的三个重要原因。因此，迫切需要帮助专业人员降低人工智能相关技术应用的使用门槛，可以快速让人工智能技术在岩土工程当中落地。本节整合了专业场景当中的各类问题，把多种算法打包，打造了一个易于专业人员理解，且可以通过软件界面方便调用的平台，可以让人工智能的落地门槛大大降低。

5.7.2　国内外算法服务系统发展现状

算法的开发和使用者往往不是同一群体，为了能让算法落地应用，需要通过一定的媒介，把算法的开发者和使用者连接起来。业界普遍使用算法服务系统充当媒介，服务系统的主要功能，就是让使用者便利使用。既有比较通用的 OCR 文字识别算法，也有专业的医疗领域 X 光照片的图像识别算法。算法的定制化程度越高，对开发者来说投入的成本越高，使用的场景却越来越少。因此作为算法的开发者和提供者，更偏向于提供通用的算法。但站在使用者的角度来看，一个定制化程度较低的算法需要使用者投入更多的成本去应用落地，因此定制化程度越高的算法对于使用者来说更加友好。算法定制化程度与系统使用者与开发者投入成本的关系如图 5.7-1 所示。

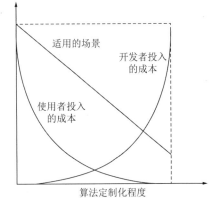

图 5.7-1　算法定制化程度与系统使用者与开发者投入成本的关系

不同领域的企业，基于企业的技术优势以及产品定位，会选择不同的算法定制化程度，开发不同的算法服务平台。以下分别介绍。

5.7.2.1　通用领域算法平台

通用领域的算法服务平台集成了定制化程度较低的各类算法，主要解决通用的共性问题，例如 OCR 文字识别、语音识别、人脸识别等。这些算法可以满足各个行业的需求。应用落地的时候对于个性化定制的需求较低，因此可以集成在通用的算法平台中。国内很多企业都提供了类似的通用算法的使用平台。例如百度的百度大脑，阿里的阿里云机器学习 PAI 等。

百度大脑是百度 AI 核心技术引擎，包括视觉、语音、自然语言处理、知识图谱、深度学习等 AI 核心技术和 AI 开放平台。百度大脑于 2016 年 9 月发布，如今已经发布到了 7.0 版本。百度大脑是一个通用型的平台，提供的算法能力有很多，如果要将百度大脑的算法能力应用在专业的场景中，需要根据专业的应用场景进行个性化的开发，例如利用农业遥感无人机完成精准施药、基于视觉技术的无人自主挖掘机以及智能零件分拣机等。这些专业应用场景依然需要专业人员在已有算法的基础上，进行专业化、定制化的模型训练、二次开发，对专业人员的要求较高。

5.7.2.2　行业领域算法服务平台

通用领域相关平台中托管的算法，技术较为成熟，调用也非常方便。近年来的发展速度也趋于平缓。通用领域的问题有限，需要在专业领域寻找高价值场景，进一步发挥算法的价值。近年来业界也逐步意识到这些瓶颈，新老算法服务系统都渐渐开始转向专业领域。但通用算法在很多专业领域并不能直接解决特殊问题，需要对算法进行进一步的定制化封装。

通用平台通常只需要算法专家的参与，而算法在专业领域的定制化，则需要领域专家和算法专家共同参与，才能给出针对特定问题的有效算法。立足于专业场景进行深度定制化算法开发是一个循序渐进的过程，现有平台依然处于起步阶段，在部分专业化程度较低、或算法专家易于理解的专业领域，立足某些高价值问题，开始提供高度定制化的解决方案。

例如在金融领域，腾讯优图 AI 开放平台，提供了财务票据识别、保险行业中的核保理赔等场景的智能识别。在医疗领域，华为的 Modelarts 提供了很多相关的解决方案，包括医疗影像的智能标注和自动学习基因组分析和药物研发等。这些平台都处于较为早期的发展阶段，不同行业的发展不均，同一个行业场景覆盖也不全，不过在已经有较多解决方案的场景，算法服务平台已经取得了很好的成效，未来潜力巨大。

5.7.2.3 建筑领域算法服务平台

建筑领域是一个专业化程度很高，同时拥有很多高价值场景的行业，行业中的企业，近年来也基于人工智能技术，开发了一些算法的服务系统，例如上海建工四建集团开发了首个建筑行业 AI 算法集成开放应用产品——四建 AI 云大脑，于 2021 年 7 月 5 日正式上线发布公测版 V1.0。

四建 AI 云大脑，以面向建筑行业应用为产品研发目标，针对建筑工程施工阶段涉及的"结构损伤查勘""建筑材料查验"和"施工安全管理"三大应用场景中面临的实际问题，产品利用深度学习、计算机视觉、大数据理论、云计算、并行计算等多智能技术融合手段，研发面向多目标任务的复杂神经网络深度学习模型，目前集成了钢筋/钢管数量智能点数、反光衣/安全帽穿佩戴行为智能巡检等功能模块，但总体来说应用场景较少，并且在算法自主训练和调用等方面须进一步提高。

岩土工程涉及的专业场景复杂，影响因素较多，针对很多复杂问题，业界已经基于机器学习做了很多研究，形成了大量的解决方案。但是由于缺少算法服务平台，这些算法距离应用落地，解决实际场景问题还有着较多的阻碍。岩土工程领域亟需搭建相关的算法服务平台，提供到定制化、对工程人员友好、易于落地的岩土工程解决方案。

5.7.3 Sigma 智慧岩土服务平台

为满足人工智能技术在岩土工程行业的落地需求，上勘集团自主设计并研发了岩土工程大数据应用服务系统——Sigma 智慧岩土服务平台（Service for Intelligent Geotechnical Model & Algorithm），面向岩土工程的专业应用场景，集成了多种算法服务，为从业人员提供了便捷、高效、智能的算法服务。

5.7.3.1 系统定位

在基坑工程、隧道工程等工程现场，工程人员积累了海量、多源、异构的岩土工程数据。本平台以上述岩土工程的大数据应用需求为导向，为广大工程人员提供以实际工程场景为切入点的专业化算法服务。

本系统所提供运算服务的主要用户为岩土工程行业的从业人员。用户具有丰富的岩土工程专业知识，和岩土工程大数据分析的需求，但是相对缺少数据分析的能力和技术手段。本系统将人工智能技术和土木工程领域的海量工程数据结合，旨在提供专业化、定制化、低门槛的大数据运算服务，辅助解决隧道、基坑及桩基等地下结构的变形预测、安全评估和承载力计算等岩土数据分析问题。

为了降低工程人员对于本服务系统的使用门槛，提升使用友好程度，系统内的算法服务采用无代码的调用方式。用户可以在无需了解算法底层原理和具体编码细节的基础上调用平台内的算法，只需在网页中上传计算数据和设定参数，即可一键获取实时的运算结果。

5.7.3.2　系统主要功能模块

针对地下空间应用场景涉及的权限管理、算法搜索与展示、服务调用、结果存储与展示等功能需求，将系统主要划分为以下四个功能模块：

（1）用户模块。用户模块主要负责对用户账号及相应权限的管理。除了账号本身之外，考虑的工程数据较高的保密要求，对系统中的各类数据、算法和结果均设有权限设置和认证的接口。所有的权限管理均由用户模块负责。

（2）展示模块。展示模块以符合工程人员习惯的方式展示系统中的静态文字、图片与视频信息，主要包括系统中各类应用场景的描述、运算服务的展示说明、典型案例的介绍以及算法原理的帮助文档等。

（3）算法模块。算法模块是系统运算服务的核心功能模块。提供运算服务所需的数据存储、模型训练、结构计算与保存等核心计算功能。用户可利用平台中已有的算法和模型实现对工程数据的处理、分析和评估；也可根据自己的数据训练自己的机器学习模型，并共享至其他用户使用。用户可根据使用场景，通过网页点击或 API 调取两种方式使用系统中已有的算法。

（4）记录模块。主要负责存储用户的计算记录，包括计算时的参数、数据以及计算结果，可供用户反复追溯查看。

5.7.3.3　运算服务使用流程

运算服务平台的基础是算法。平台中的算法可以分为监督学习类算法、监督学习类算法模型和非监督学习类算法三类。其中，监督学习类算法无法直接计算，需通过数据训练，得到特定的算法模型后才可以进行计算。监督学习类算法模型是已经完成训练的监督学习类算法，可以直接用于计算。非监督学习类算法无需训练，可以直接对输入数据进行计算。

1）监督学习类算法

监督学习类算法需要先从已有的训练数据中学习到一定的规律，得到学习后的模型后才能够实现对新数据的计算。机器学习/人工智能算法中有很多都属于监督学习类算法。在此，以机器学习中的监督学习算法为例，对其主要使用流程进行介绍。

在很多场景下，数据的分布规律是未知而且复杂的。因此，需要使用机器学习算法在已有的历史数据中学习到数据的分布特征，学习的过程叫作训练。机器学习算法经过训练会得到机器学习模型，此时习得的规律是以真实数据分布规律 f 形成规律 g。对于需要判断的新数据，可以使用训练好的机器学习模型得到在规律 g 下对应的结果。如果没有训练的过程，机器学习算法将无法直接进行计算；同时，训练集中数据的质量也决定了最终模型的效果。因此，使用机器学习算法时，必须要准备数据质量较高的、样本丰富且数据量充足的训练数据。监督学习算法的流程如图 5.7-2 所示。

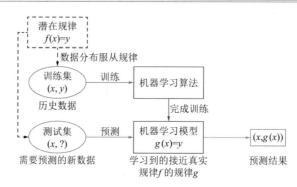

图 5.7-2　监督学习算法示意图

2）非监督学习类算法

与监督学习类算法相反，非监督学习类算法不需要经过训练或学习的过程，可以直接对输入数据进行计算，并返回结果。实际上，监督学习类算法经训练后得到的模型使用方式与非监督学习类算法完全一致，可以看作是非学习类算法的特例。

综上，系统内运算服务的主要使用流程如图 5.7-3 所示。

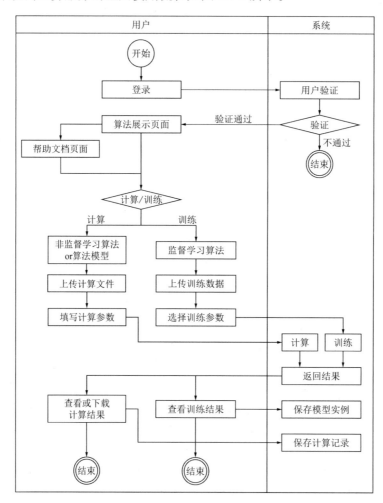

图 5.7-3　用户使用流程图

（1）用户使用账户和密码，登录系统。成功登入系统后，用户可根据工程场景在首页中选择自己想要使用的算法或机器学习模型。

（2）选择算法前，用户可在帮助文档模块查看各个算法的具体原理与使用说明。

（3）若用户选择的是非监督学习算法或算法模型，直接上传需要计算的工程数据，并填入算法的计算参数，得到计算结果。计算完成后，得到的结果数据、评价指标以及对应的结果图片会实现展示在计算页面中。

（4）若用户选择的是监督学习算法，用户可通过上传训练数据，并填入训练参数，训练自己的模型。训练完成后，训练结果与相应的评价指标会展示在训练页面中。如果模型的学习效果较好，用户可以将模型实例保存，供之后计算使用。

（5）已完成的计算或者训练结果，均可以在记录模块中查询。同时，也可将计算/训练结果以文件的形式下载到本地。

5.7.3.4　通过 API 提供运算服务

上述的系统使用流程以用户在网页端进行交互的方式阐述。在实际的工程场景中，自动化数据采集设备同样也有着数据运算需求。虽然通过网页点击直接调用算法或模型简单直观，但是由于自动化设备的数据采集频率高，网页端点击计算的方式在此场景下不仅无法保证时效性，还显著增加了工程人员的工作量。

为此，系统对各项运算服务均开放有 API 接口。用户可通过设置 API 接口的形式，将运算服务的调用过程配置为自动化，每当采集到新的自动化数据时，都可通过 API 调用获取到算法实时的运算结果，进一步提升数据分析的效率与智能化程度。

在调用 API 接口计算之前，需要用户在网页端手动进行两项配置：创建 API 的 ID 以及创建 API 鉴权 token。API 的 ID 用以识别算法并简化代码调用过程；鉴权 token 由系统基于用户账号生成，服务器由此确认 API 请求者的身份和权限。基于唯一的鉴权 token，简化了用户的登录流程，可以进一步提升自动化运算的效率。

5.7.3.5　后端技术选型

在进行系统后端开发前，需要结合系统的功能特点和使用需求对后端技术架构进行选型，确保系统满足设计所需的性能和稳定性。本运算服务平台接收到的多数请求都是计算密集型任务，对于服务器 CPU 资源的消耗较多。此外，大多数的请求都是自动化数据采集设备发出的自动请求，对于系统的并发性能也有着较高的要求。

Python 语言中提供了丰富的数据科学库，并对机器学习、统计分析等算法有着较好的支持，因此项目采用 Python 作为后端语言，便于算法与工程数据的交互。同时，为了满足系统高并发、速度快、数据 IO 量大等要求，选择高性能的异步框架 FastAPI 作为系统的 Web 后端框架，确保系统的并发性能。

对于数据存储而言，平台中除了需要存储常规的结构化数据外，还存在着大量的计算数据、算法计算参数、计算结果等半结构化数据以及计算文件等非结构化数据。因此，系统引入 MySQL 关系型数据库，存储用户信息、权限信息等结构化数据，并在后端引入异步 MySQL，提高数据库 IO 性能。在此基础上，使用 MongoDB 高性能文档型数据库作为副数据，存储算法参数、运算结果等非结构化数据，并借助 PyMongo 与 Motor 包，实现后端的异步读写。

开发完成后，使用容器化技术 Docker 将后端代码与数据库部署至云服务器中。利用阿里云 OSS 存储技术作为大量文件的存储方案，并通过 CDN 技术缓存与加速分发静态资源。目前，运算服务系统已经稳定运行 1 年，已经为用户提供了 90 余万次稳定的在线运算服务。

5.7.3.6 算法基类设计

系统中以服务的形式提供各类算法，不同的算法是相互独立的，需要开发者单独开发运算逻辑。为了使算法以 Web 服务的形式提供运算，需要在算法核心逻辑的基础上额外增加用户权限校验、参数解析、数据文件解析、结果展示等步骤。对于算法开发者而言，上述校验工作主要是与系统相关的，与算法的核心逻辑并不紧密，在每个算法的运算逻辑外增加上述过程是低效的重复工作；此外，由不同开发者写出的校验逻辑在一致性和稳定性上也无法得到保证。

因此，为了更好地提供规范化、统一化的运算服务，降低算法的开发和使用门槛，系统提出了算法基类的概念，使用基类将算法计算流程之外参数校验等通用功能进行标准化处理。根据适用于地下工程应用场景的数据挖掘算法，对算法的通用计算流程与功能进行归纳。对于非监督学习算法，其主要使用流程包括校验和计算两部分：

（1）校验。校验的主要目的是检查用户权限，传入的数据文件类型、计算参数的格式是否满足算法的要求，如果不满足需要返回响应的提示。

（2）计算。除了算法的核心计算逻辑外，在进行计算前需要对数据的字段名与类型、参数的类型和取值进行复核。计算完成后，还需要对计算结果进行整理和可视化展示。核心的计算方法在算法基类中定义为空方法，具体的计算逻辑需要各算法在继承基类后复写。

对于监督学习算法而言，在计算和校验的基础上，增加了训练的流程。训练与计算相似，需要在训练前对训练数据和参数进行解析，还需要对训练数据进行划分，以便对模型的评估。与计算不同的是，在训练完成后，需要对得到的模型进行评估。如果模型训练结果较好，还需要将模型保存到系统中，以便后续使用该模型计算时调用。算法核心的训练方法同样在基类中定义为空方法，需要各算法复写各自的训练逻辑。

将监督学习和非监督学习算法基类的通用流程与主要步骤汇总至图 5.7-4。定义好基类的规范行为后，新算法只需要继承算法基类，传递参数和数据，检查数据和参数合法性，运算完成后如何返回结果给用户，如何保存记录等辅助逻辑会由基类自动完成，开发者只需要重点考虑算法的训练、计算逻辑，大幅降低了算法开发的复杂性和代码的耦合度。

5.7.3.7 系统前端功能

算法平台系统前端的主要功能模块有"计算""训练""我的实例""计算记录"和"文档"等若干个模块。

"计算"模块用于展示所有内置的无需训练即可调用的算法和经过训练后的模型（图 5.7-5）。用户在算法展示页选择好算法后，会进入到具体的计算页面，在计算页面中输入计算需要用到的参数，上传相关的计算文件即可调用算法。

训练模块用于展示平台中所有内置的需要训练的算法，这些算法大部分是机器学习算法，用户训练出一个模型之后，即可以在计算模块对模型进行调用（图 5.7-6）。

图 5.7-4　算法基类功能示意图

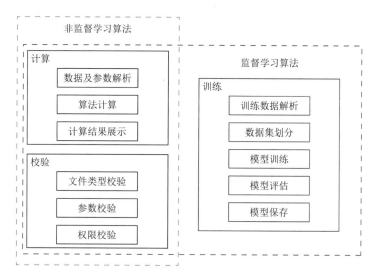

图 5.7-5　计算模块页面

图 5.7-6　训练模块页面

"我的实例"展示了用户在训练模块中训练的所有的模型，用户可以对这些模型进行命名或对模型进行分享（图 5.7-7）。

图 5.7-7　实例模块页面

计算记录模块展示了用户在计算模块调用过的所有计算记录，模块同时保留了计算的结果，用户可以查看已经计算过的结果（图 5.7-8）。

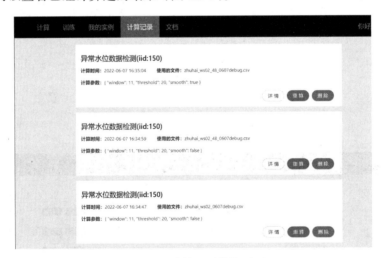

图 5.7-8　计算记录模块页面

5.7.3.8　平台运行效果

以面向基坑变形预测场景的 XGBoost 算法为例，对本平台的运行效果进行详细展示。首先，已有收集整理好的基坑变形数据作为训练集。首先在训练子页面中选择 XGBoost 算法，进入算法训练页面，如图 5.7-9 所示。

填入训练参数，并上传训练文件后，点击"训练"按钮，下方会显示模型的训练结果，如图 5.7-10 所示。

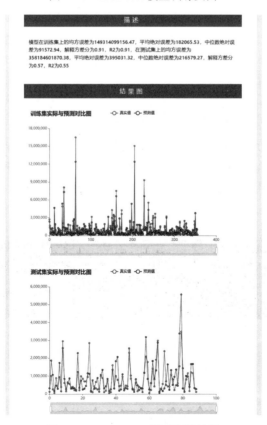

图 5.7-9　XGBoost 模型训练页面

图 5.7-10　XGBoost 模型训练结果

模型训练完成后，可以保存该模型。保存后的模型可在"我的实例"模块中找到。当需要使用该模型进行计算时，点击该模型进入计算页面，上传新的计算数据后，点击"计算"按钮即可得到用该模型的计算结果，如图5.7-11所示。

图 5.7-11 使用训练好的 XGBoost 模型的计算结果

计算结果在页面下方以表格形式展示，可以点击"下载表格"按钮将结果文件下载到本地。同时，本次计算结果可以在"计算记录"模块中找到，以便之后查询和下载结果。

截至 2022 年底，平台上线 1 年以来，已集成了近 50 个算法，累计 API 调用超过 150万次（图 5.7-12）。

图 5.7-12 Sigma 算法平台调用情况（截至 2022 年底）

第6章

数字化发展与伦理

6.1 岩土工程数字化未来发展趋势

6.1.1 岩土工程元宇宙

元宇宙（Metaverse）是指人们生活和工作的虚拟时空，通常用来描述虚拟宇宙中持久的、共享的三维虚拟空间。随着越来越强大的计算设备、云计算和高带宽互联网链接的出现，"元宇宙"的吸引力在逐渐增强，一般认为"元宇宙"有 8 个关键特征，即身份、社交、沉浸感、低延迟、多样性、随地、经济、文明。其中非常重要的特征是虚拟货币、虚拟商品和货币交易系统。这种虚拟货币是区块链的一个条目，代表了某个独一无二的数字资产的所有权。元宇宙建立在 Web3.0 之上，是"穿越式"和"分布式"的互联网。在这样的互联网中，人们不光可以输出文字、图片、2D 视频，还能通过沉浸式影像，完成"面对面"互动体验，也就是在新的互联网里再造一个"真实"的"虚拟世界"。

对于从事岩土工程领域的企业，也要尽早洞察社会技术发展以及带来的行业变革。从元宇宙的提出到如今推向风口浪尖，对岩土工程行业影响或许很大，或许昙花一现，但也应引起重视。在元宇宙技术中，区块链和沉浸式互动技术应在岩土行业得到重视。

区块链是分布式数据存储、点对点传输、共识机制、加密算法等计算机技术的新型应用模式（图 6.1-1）。对于岩土工程而言，区块链技术中的加密算法和共识机制对于大量岩土工程数据而言是非常有用的工具。岩土工程勘察、测试、监测的数据通过加密、上链、共享，可以实现数据真实性、可追溯性，在确保数据安全情况下，实现数据有偿共享，解决存在行业多年的信息孤岛问题，以及数据、经验不可有效复制问题，便利了行业数据传输，加快了行业进步。因此，非常有必要从行业或政府层面建立区块链网络机制，引领行业数据共享共治方向。对于企业而言，对现有数据的梳理、清洗和入库等工作，建立较为完备的区块链基础网络，以及对包括大量纸质原始数据的尽快数字化工作显得十分重要，很有可能成为企业无可替代的数字资产，产生难以想象的价值。

沉浸式互动技术是各类虚拟技术的应用，集视觉、触觉、听觉甚至嗅觉等多种技术于一体，通过系统感应人体动作和位置，与其中的数字内容达成沉浸式互动，可为不同行业定制不同应用效果（图 6.1-2）。隐蔽性和不确定性是岩土工程很重要的特征，通过不同手段建立可视的、透明的地下空间一直以来都是行业发展的重点方向之一。未来，沉浸式互动技术的发展，除了展现更为逼真的地下空间外，还会产生更为广泛的应用场景。岩土工程专家可以坐在办公室实时看到他想了解的现场每一处细节，通过混合现实技术看到现场无法直观看到的岩土体各项物理力学特征，甚至通过脑机接口，得到与现场触摸岩土、感受岩土特征的相同体验，在此基础上，通过远程问诊方式，在专家决策系统和大数据挖掘帮助下，提出解决方案，采用快速建模方法和人机交互的设计系统，快捷地得到设计效果，实现多专业合作设计和影响条件快速评估等，足不出户最终解决现场面临的大量观测、讨论事宜，有效提高效率和风险管控效果。

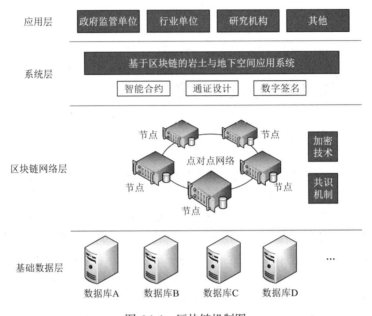

图 6.1-1　区块链机制图

图 6.1-2　混合现实互动设计

6.1.2　智能机器人

近年来"阿特拉斯"、Robot.X 等人形机器人的问世改变了人们对机器人的认识，机器人的用途也进一步拓展。毫无疑问，岩土工程从勘察、测量、设计、施工、监测、检测各个岗位工作将向更加快速高效、精准智能的自动化和数字化迈进。目前已经有不少的单点应用案例，如电网公司让"机器人＋"自动巡检模式覆盖全部 220kV 及以上变电站，替代人工开展例行巡视、特殊巡视，减少极端高温酷暑天气影响，让设备巡视工作量降低 30% 的试点任务。机器人上面的"智眸"通过同轴双视场协同技术，可以将传统拍摄距离从 2～10m 扩展至 30～50m，"超脑"系统通过深度学习技术从十几万张输电线路巡视图片中监督学习，可在 0.3s 内完成输电线路常见的 9 大类设备识别，同时完成每类设备潜在的近 10 个不同等级缺陷诊断（图 6.1-3）。

图 6.1-3　电网巡检机器人（图片来源于网络）

类似的巡检机器人也出现在地下综合管廊、隧道等结构检测中。在检测完毕后，可以将检测画面和数据发送给人工检查员进行二次远程检查和确认。AI 技术可对当前和历史数据进行智能分析与处理，而人工判断可以反过来帮助人工智能完善算法，指导人工智能系统持续学习，系统的检测准确率能随着经验积累持续改善。巡检机器人基于 AI 预测性运维系统，可以利用机器学习和处理设备的历史数据和实时数据，搭建预警模式，提醒工作人员更换即将损坏的部件，从而有效避免机器故障的发生和由此带来的损失，提高设备利用率（图 6.1-4）。

图 6.1-4　"智能巡检机器人"应用于地下管廊巡检（图片来源于网络）

在岩土工程勘察设备方面，仅管在探矿行业已经实现了全自动化勘探技术，但是相对于城市工程地质勘察而言，依然有许多自动化、小型化改进空间，目前已经出现更为快速、自动化程度更高、更加小型化的勘探设备（图 6.1-5）。相信随着设备普及和改进，未来全自动勘探不是梦。

图 6.1-5　适用于高危生物样品采集工作的人工智能机器人（图片来源于网络）

在岩土工程施工方面，盾构是典型的自动化装备，无人盾构已经在一些项目中试验，无人驾驶强夯机、压路机、摊铺机都已经开始推广应用，更多应用场景的岩土工程施工设备将得到发展。其他行业的先进技术也将引入到岩土工程行业，如水利行业的清污机器人（图 6.1-6），能够通过图像视觉识别系统自主识别水面垃圾，搜寻垃圾，并对水面垃圾精准定位与追踪，并可进行路径规划，GNSS 自动导航，自动避障，自动完成对垃圾的收集，满载后自动返航，实现水面漂浮物打捞作业的无人化与全自动操作。清污机器人均装有水质检测分析仪等设备，能够实时地对水文水质进行检测，完成水文、水质等数据的收集，并将收集到的数据无线传送至大数据处理中心，实现对水域漂浮垃圾及水体环境进行综合治理的目的。

图 6.1-6　自动清污机器人（图片来源于网络）

又如爱沙尼亚一家能源公司使用其多线程无人车来确定采矿业在十年前结束的矿井中支撑柱的安全状况（图 6.1-7）。配备 3D 激光雷达的多线处理无人车在封闭地下矿区使用，探测工作期间随时可能出现矿井坍塌，由无人作业车操作是最合适的办法。

图 6.1-7　无人车探测封闭地下矿区安全（图片来源于网络）

6.1.3　数字化设计

在设计方面，未来也将往数字化设计方向发展。虚拟设计施工（Virtual Design and Construction, VDC）是对 BIM 模型（Building Information Modeling）以及人员（People）和流程（Process）的管理，由相关方协同对将要建造的内容进行建模，对建造流程先进行虚拟施工，再按建模和排练内容进行建造施工，通过不断测量和缩小实际施工内容（真实的）与建模内容（虚拟的）之间的偏差来协同工作，以实现建设目标（图 6.1-8）。VDC 强调协作和集成工作，BIM 模型只是 VDC 的一个组成部分，是执行特定活动以满足建设目标和子目标所需的信息。与常规三维协同设计相比，VDC 的先进性在于，可以建立整个项目中安装的系统以及建筑物居住者使用的设备，模拟并评估其能效及其在设计和建造阶段的影响；可以考虑施工材料、施工顺序以及专业设备的使用，优化项目建造成本和效益。通过 VDC 模型识别和突出显示可能影响其安全的隐患，避免可能出现意外和危险的情况。通过使用 VDC，在施工期间可以在结构中构建预留空间，从而大大减少将来可能需要进行的功能改造。

图 6.1-8　虚拟设计施工场景

另外，近年来通过脑机接口（BCI）进行辅助设计成为可能，通过侵入式或非侵入式方法，获取人体脑电图（EEG）信号，读取人类的思想，感受等，再和人工智能技术相结合，用机器学习方法进行实时脑电波分析与分类，将大脑活动生成对抗网络来创造新内容，辅助人类设计，形成所谓的"增强人类"，提升人体生产力、能力或增强某种人体素质（图 6.1-9）。BCI 会完善或取代现存的智能设备（如智能手表），建立有各种功能的 BCI，如分析用户心情、帮助改善状况和集中精力等。尽管 BCI 技术仍处于早期阶段，但前景十分可观。

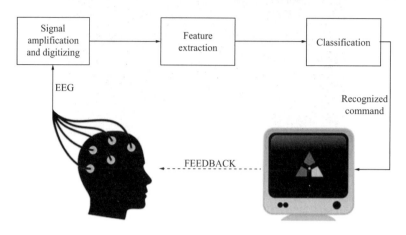

图 6.1-9　脑机接口辅助设计（图片来源于网络）

6.1.4　数字化测试

近年来，快速建立虚拟模型的技术发展迅速，如同步定位与建图（SLAM）技术，可快速获取对象的三维数字化信息数据，每次扫描时间可控制在 10min 左右，很大程度上提升了采集数据效率，并且使扫描过程更为便捷，还可根据现场实际环境进行灵活调整测试方式，适应室内、野外地形地貌、地质结构等（图 6.1-10）。

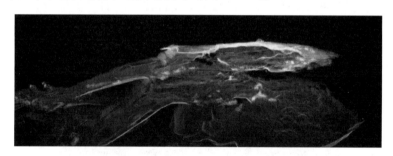

图 6.1-10　SLAM 技术用于土方测量

还有手持实景扫描仪，集激光雷达、SLAM、全景相机、IMU 等先进技术于一体，仅以手持移动的方式就可以将周围环境扫描记录并通过三维点云及高清图像呈现出来，为用户提供一种简便、高效、智能的移动测量扫描方案（图 6.1-11）。根据完整的三维点云和影像成果，使用专业软件即可轻松完成高精度的三维可视化模型，用于系统展示、后期的设计和运营管理等。

图 6.1-11　手持实景扫描仪及测试成果（图片来源于网络）

6.1.5　人工智能应用

混合现实技术集成了虚拟现实（VR）和增强现实（AR）技术优势，目前已开始在各行各业得到初步应用。通过混合现实设备和交互系统实现各种信息获取和交互应用。使用者可以无障碍地观看现实世界中的物体，使得多个佩戴者在使用时能够无障碍地进行面对面交流，实现全息影像与现实生活的水乳交融（图 6.1-12）。

图 6.1-12　混合现实可视化沟通

AI 在工程建设中起到了以下作用：防止成本超支、通过生成式设计（Generative Design）更好地完成结构设计、风险缓解、项目规划、施工安全、装配化施工、后期运营等工作。

机器人技术、人工智能和物联网可以将建筑成本降低多达 20%左右，工程师可以穿上虚拟现实护目镜，并将迷你机器人送入正在建设的建筑物中，这些机器人使用相机跟踪工作进展，跟踪现场施工人员，机器和物体的实时交互，并向管理人员提醒潜在的安全问题、施工错误以及生产力问题。AI 也可以被广泛用于规划现代建筑中的电气和管道系统的布线，使用 AI 来开发施工现场的安全系统。

6.2　岩土工程数字化发展伦理

6.2.1　滤波与真实

数字化采集过程中，由于各种原因，会造成采集数据异常，其中有很大一部分是采集系统自身问题，而非客观真实数据，因此对异常数据剔除、平滑、过滤就显得非常必要。在实际工程应用中，也发展了许多高效、效果良好的滤波算法，如限幅滤波法、递推平均滤波法等。但是，应重视的第一个问题在于，这些滤波算法都基于对应的数学原理和逻辑形成并执行，而不是基于事实是否发生的原则。目前，通过严谨的逻辑判断数据异常到底属于系统异常还是事实异常还是非常困难的，以至于很可能面临真实的异常情况时，会造成"过拟合"现象，数据、曲线很光滑，却很可能把现实中的险情忽略了。举个例子，基坑或边坡测斜曲线的拟合在很多自动化测斜软件中都应用了相应的滤波程序，才可能使测出来的数据看起来与理论中的连续梁变形规律一致。很多行业专家在检查测斜数据真实性时也是以曲线是否光滑作为重要的判定标准。但是事实上，一旦在基坑开挖过程中围护结构出现中间折断等突发异常情况，测斜曲线将反映出数个严重的折线状拐点，此时的滤波程序还是按照系统异常情况来处理数据的话，将会隐瞒了突发异常，甚至延误应急抢险的时机。所以，在推广应用岩土工程数字化、自动化和智能化时，大部分单位和从业人员都保持谨慎态度，对异常情况的处理保留了人工判定的步骤，对外输出前确保这样的异常是可修改的、真实的。这其实也带来了一个悖论，我们推广应用数字化是希望减少人的重复劳动，提高效率，但是为了解决这种"最后一公里"问题，不得不保留甚至大量增加这种判定数据真实性的岗位，减少的是测试人员，增加的却是要求更高的、对测试数据更有经验的分析人员。

　　第二个问题是应该如何记录这些数据。原则上，测试数据应该得到真实反映，对于经验证明为系统异常的数据进行人为或机器自动改正后，是否采用改正数据上，还是存在争议的。目前，数字化应用时，尽管仍然有不少场景要求保留人工复核纸质材料，但是电子化原始资料的合法性已经或必将得到认可。这种情况下，异常数据采用值就存在选用原则问题，这也是由于需要避免自动化滤波处理过拟合问题引起的。目前，还没有明确的处理标准和责任认定原则，造成从业人员对此不甚重视，甚至一些原始数据都被抹掉了。从"谁测试谁提供谁负责"原则要求，作为自动化测试承担单位和个人，应充分意识到，需要将自动化或人工拟合数据与原始数据一并完整保留，包括异常数据，确保争议在可控范围。

6.2.2　存证与实证

　　自上而下地推进岩土工程行业数字化进程，很重要的原因就是要保证生产数据的真实性。在劣币驱逐良币的市场竞争下，容易出现数据造假问题。在现有很多数字化技术中，也加入了无法人为篡改的技术，如区块链技术应用于数据的存证问题，数据一旦上链就形成了唯一的哈希值，一旦修改，哈希值会随着变化，在与其他节点进行数据匹配时就会出现不一致，提示数据异常，避免了过程中的人为修改。应该说，类似技术对于保证数据真实性提供了很好的解决方案，但是在实际工作过程中，真正容易数据造假的地方往往在上链前的阶段。尽管已经有很多技术来保证同步测试，同步上传等要求，但是依然难以避免一些有意为之的造假，如现场记录人员取完全相同的照片或视频，人为编造数据的行为依然是无法辨别的。更具体地说，对于勘察取样，目前仍然难以普及应用自动测深技术来确认土样所在深度，土样描述也无法分辨是事实描述还是人为捏造。另外，为达到数据完全真实，目前需要堵漏洞的地方仍然非常多，软硬件技术要求还是非常高的。在现有的资源和技术水平下，不可能完全做到绝对的真实。

6.2.3　预测的责任

由于岩土工程具有很高的不确定性，因此提高确定性方面的工作显得非常有价值，包括提供数据发展趋势预测、预测岩土及地下结构性状等工作。如预测地下水位在建构筑物正常使用年限内的水位，可用于确定最大抗浮设防水位；预测基坑在开挖下一工况围护结构自身和周边环境变形，就可以为下一阶段需要采取的措施提供重要参考。事实上，这样的工作在没有开展数字化进程前也一直在做，只不过随着技术进步，软硬件能力的提高，预测方法变得越来越多样，模型也越来越复杂，数据量也越来越丰富，结果也越来越准确。如在地铁隧道受基坑开挖的收敛变形预测分析时，考虑了二十多个影响因素，参考工程案例达到了数百个，涉及数据量达数十吉字节（GB），预测准确率达到了90%左右，为隧道维保部门决策提供了重要依据。但是，在执行过程中也存在责任划定问题，所有的预测仅仅基于已有经验和已有认知，并不代表未来实际发生，不少突发因素都会阻碍或改变已有正常的进程，也就是所谓的"黑天鹅事件"，如疫情、恶劣天气等。未来的不确定性决定了预测结果的不确定性，因此不可以将预测结果作为法定措施的依据。这样就存在一定的矛盾，一方面投入大量资源进行预测，另一方面却不会将预测结果作为必要程序或结果去使用。未来，比较好的解决方案可以是概率论方法，提供可靠度指标，供决策者评判预测结果的可靠性以及可能的变化区间。